Applications martiales du Taiji quan

Du même auteur, chez le même éditeur :

À la source du Taiji quan, 2005

Pour plus de renseignements à propos de l'école Chen
transmise par Maître Wang Xian, contacter :

I.R.A.P
(Institut de recherche des Arts du Poing de Maître Wang Xian)
04 chemin des Blanchères
79200 Viennay
France

Tél : 05 59 28 15 07
www.wangxian.com
alain.caudine@wanadoo.fr

Titre original :
TUISHOU, POUSSÉE DES MAINS ET TECHNIQUE À DEUX
LE SECRET DES APPLICATIONS MARTIALES

www.tredaniel-courrier.com
info@guytredaniel.fr

ISBN : 2-84445-660-X

Wang Xian

Applications martiales du Taiji quan

Transmission de l'École Chen par Wang Xian

Traduit du chinois par Luo Li Wei (1ère partie)
& Philippe Raffort (1ère & 2ème partie)

GUY TRÉDANIEL ÉDITEUR
19, rue Saint-Séverin
75005 Paris

1ère partie

LES TECHNIQUES DE *TUISHOU*

(Poussée des mains, techniques à deux)

第一章　概　　论

Préface par Alain Caudine

Comment être sûr de progresser sur la voie du *Taiji quan* en développant ses qualités d'écoute, d'observation, tout en activant chez soi les réponses appropriées à cette avancée.

C'est par le biais du travail à deux, particulier et unique, proposé par la discipline du *Taiji quan* dans l'exercice du *Tuishou* ou poussée des mains, que l'on peut découvrir et ressentir de plus en plus finement l'énergie du partenaire et développer ses propres potentialités, ceci dans un premier temps.

Cette facette du *Taiji quan* accessible à tous, jeune ou moins jeune, homme ou femme, propose une forme d'échange avec partenaire, basé sur la finesse des perceptions, qui permet de franchir un seuil supplémentaire aux personnes déterminées, désireuses d'évoluer sur le chemin de la maîtrise dans l'art martial du Taiji quan, mais pas seulement...

Ainsi, après l'apprentissage des formes *(Taolu)* qui nécessite de mémoriser un enchaînement de mouvements permettant après un travail assidu, l'acquisition de la souplesse, du relâchement et de la fluidité, il devient indispensable de se familiariser avec le contact d'un partenaire. Tester progressivement ses acquis et rendre plus intelligible les principes essentiels sous-tendus dans les gestes issus de la forme, sont les buts dévoilés de la pratique du *Tuishou.*

Pour aller plus loin, je dirais que le *Tuishou* associé à la connaissance des Applications de la forme, demeure une méthode incontournable dans la progression du *Taiji quan,* dans tous les cas indispensable pour les personnes qui se destinent à l'enseignement. Il existe ainsi de nombreuses façons d'accéder à son apprentissage par le biais d'une approche ludique abordable par tous, à l'intérieur de laquelle, la qualité d'écoute, les sensibilités tactiles et réactives, les qualités cognitives vont petit à petit se construire, et développer des bénéfices multiples.

Les résultats sont assurés sur tous les plans ; amélioration de la santé, confiance en soi, et enfin répliques appropriées (l'art de la transformation) aux sollicitations de la ou du partenaire dans le cadre des buts proposés par le *Taiji,* notamment celui de l'efficacité de la souplesse face à la force (une once l'emporte sur mille livres).

Aussi je terminerais par cette phrase énoncée dans le premier ouvrage de maître *Wang Xian* *:

« Rencontrer l'autre dans le Tuishou est aussi l'occasion d'une rencontre des cœurs, la pratique de la boxe met l'emphase sur le développement de la faculté de persuader l'adversaire de se rendre, l'état d'esprit et le cœur participent de la défaite comme de la victoire. »

Je remercie vivement les deux experts du Taiji quan style Chen : Lac le My (Luo Liwei) pour le *Tuishou* et Philippe Raffort pour le *Tuishou* et les Applications (seconde partie de l'ouvrage) pour leur travail de traduction réalisé conjointement. En me joignant à leurs efforts j'ai souhaité avec ma propre expérience au contact de mon maître, réaliser une synthèse digne de sa transmission. Enfin, merci aussi à Philippe Delage, mon frère de pratique, pour sa relecture minutieuse et efficace.

Alain Caudine
Mauléon
Novembre 2005

* *à la source du Taiji quan* paru chez le même éditeur.

Chapitre 1er

Préalable

1) Origine des *Tuishou* du *Taiji quan*

一、太极拳推手的起源

Le Tuishou remonte à l'époque de la fin de la dynastie Ming, et du début de la dynastie Qing. C'est une pratique inédite propre à améliorer les capacités martiales. Crée par Chen Wangting (1600-1680), neuvième génération de la famille Chen, Chen Wangting habitait le village de Chenjiagou dans le district de Wenxian, province du Henan, le livret généalogique de la famille Chen *(Chen shi jia pou)* le mentionnait comme « expert martial ». S'inspirant du « Livre des mutations » *(Yi Jing),* du traité médical le « Canon interne de l'Empereur Jaune » *(Huang di nei jing),* du « Grand dictionnaire de l'acupuncture » *(Zhen jiu da cheng)* et s'appuyant sur la théorie du *Yin* et du *Yang,* il créa la Boxe du Faîte suprême *(Taiji quan)* et la poussée des mains *(Tuishou)*

À l'origine, les *Tuishou* étaient appelés les mains qui soulèvent ou les mains qui frappent *(Ka shou)*, cela faisait référence à un nouveau système d'entraînement à deux. Basé sur les techniques de saisies *(Qinna)*, de projection *(Shuai),* de l'art de l'esquive *(Hua),* des frappes *(Da),* de luxation *(Fan gu)* et des pincements des tendons. Le *Tuishou* constitue une forme d'exercice au combat qui se prête à l'amélioration de la résistance, de l'endurance, augmente l'habilité et le niveau des réactions réflexes, c'est une méthode très importante.

Ce mode d'entraînement peut être pratiqué indépendamment de l'âge et du sexe, peut être adapté à la condition physique de chacun, à différents environnements et ne nécessite pas de moyen et d'équipement particuliers, car il s'agit d'une nouvelle pratique aux risques de blessures minimum, elle permet de s'entraîner, de progresser sans se blesser ni nuire au partenaire.

La pratique des *Tuishou* regroupe les bénéfices d'une gymnastique, d'un loisir, et œuvre au maintien de la santé, ainsi cet aspect du *Taiji* est bien accueilli par la population depuis des centaines d'années, notamment à notre époque elle permet à un pratiquant de qualité d'espérer une amélioration de ses rapports avec la société, et contribue à l'amélioration de l'état de santé de la population.

L'originalité et les multiples facettes que proposent les *Tuishou* en font une pratique à la mode en Chine et dans le monde entier. D'une technique secrète transmise rigoureusement dans le cadre familial, elle a évolué en une pratique universelle qui va dans le sens du bon développement du *Taiji*.

2) Progression dans l'apprentissage des *Tuishou*

二、演练推手应由浅入深

Comme préalable à la pratique des *Tuishou* il convient d'en connaître le contenu et le sens :

D'après le sens littéral cela fait référence à un **échange de poussée et d'appui entre deux partenaires**, c'est la méthode d'entraînement au combat propre au *Taiji*. L'on peut atteindre le *Gongfu* (niveau de pratique accompli) par un examen plus approfondi de cette pratique.

Le classique de l'art de la boxe fait référence à deux étapes : **dans un premier temps maîtriser les formes puis comprendre les mécanismes de l'énergie interne (*Dong Jing*), et dans un second temps maîtriser l'énergie interne pour entrer dans l'étape de la perfection de l'art, de la maîtrise ultime (*Shen Ming*),** cette progression ne fait pas seulement référence à la pratique des formes mais s'applique aussi naturellement aux *Tuishou*.

Dans les débuts de la pratique il convient de céder avec modestie au partenaire, de ne pas opposer de résistance et sur la base du maintien de l'état de détente *(Fangsong)* de mobiliser principalement le corps selon des courbes et des cercles, chacun s'exerçant à l'écoute des mouvements de l'autre *(Ting Jing)* en veillant à ne pas perdre le contact. Tout d'abord passer par la pratique des cercles à une main sur les plans horizontal et vertical, puis progresser vers les 4 portes de base *(Sizheng shou),* puis étudier les 4 portes secondaires *(Siyu shou).*

Dans les *Tuishou,* l'état de détente est le principe maître, l'absorption et la transformation sont la base. Principe et base du *Tuishou* doivent être progressivement exercés dans la pratique répétée des séquences enchaînant les 8 portes, ceci jusqu'au point où la sensibilité de tout le corps et le naturel des réponses aux perceptions de la peau soit acquis, alors l'on peut appréhender un potentiel plus profond dans tout le corps qui s'expérimente dans la connaissance de l'autre, la lenteur et la rapidité, la fermeté et la souplesse, l'avance et le recul…

Il est alors possible à partir de cette nouvelle sensibilité d'exprimer des interruptions du rythme et de placer des techniques de saisies, de projections, de contrôles, des frappes et des esquives. Mais dans l'expression de ces techniques martiales il convient de discerner les manières amples et serrées : si l'on maîtrise l'art de projeter il est possible d'utiliser l'expression serrée de l'énergie (la technique est de faible amplitude mais très explosive), Par exemple, en utilisant l'impact « étroit », il est possible de faire tomber quelqu'un à trois mètres de distance sans avoir recours à une protection corporelle ni à un équipement d'amortissement au sol. En effet, quand la force utilisée est bien dosée et parfaitement maîtrisée, la chute est sans danger, la prise est très subtile. C'est le résultat accumulé au cours des années d'entraînement.

Ce dosage lors des *Fajing* (émission de la force interne) nécessite bien sûr un entraînement long et régulier, là les exercices de *Tuishou* en solo sont des plus importants. Il faut travailler seul en imaginant la présence de l'autre, maintenir un état d'esprit serein et le souffle calme, rester très concentré sur son exercice pour rechercher l'entraînement simultané de l'intention, de l'esprit, du *Qi* et de la force interne.

Le corps de cette étude est l'énergie qui écoute *(Ting jing)* qui devra être présente partout et tout le temps, alors votre pratique évoluera d'une approche simple à un état des plus subtil. Si vous n'œuvrez pas de manière progressive, à la fin vous aurez dépensé beaucoup d'énergie, fait couler beaucoup de sueur pour un piètre résultat, il convient de persévérer et d'avancer sans cesse pour acquérir une meilleure santé et une habilité martiale certaine.

3) Le cœur des *Tuishou*

三、推手的核心

La place centrale des *Tuishou* consiste dans le travail de **coller** *(Zhan)*, **adhérer** *(Nian)*, **lier** *(Lian)* et **suivre** *(Sui)*, ainsi que sur **l'expression spiralée de la force interne** *(Chansi Jing)* spécifique du style Chen. Cela en est également le contenu propre et représente le fondement des **13 techniques** (*Shisan shi)* **:** les **8 portes ou potentialités** et les **5 directions**, la racine de la théorie du *Yin* et du *Yang* appliquée au travail à deux.

Les 8 potentialités ou portes sont,

- ***Peng*** : parer, force émise de l'intérieur vers l'extérieur, vers le haut.
- ***Lü*** : tirer, force de l'extérieur vers l'intérieur.
- ***Ji*** : presser, force de l'intérieur vers l'avant.
- ***An*** : appuyer vers le bas.
- ***Cai*** : cueillir en tirant vers le bas, force spiralée.
- ***Lié*** : déchirer, force utilisant une clé.
- ***Zhou*** : coup de coude, force courte utilisant le coude.
- ***Kao*** : coup d'épaule, force très courte utilisant l'épaule.

Les 5 directions sont,

- ***Jin*** : avancer, déplacement vers l'avant.
- ***Tui*** : reculer, déplacement vers l'arrière.
- ***Gu*** : regarder à gauche, déplacement vers la gauche.
- ***Pan*** : observer à droite, déplacement vers la droite.
- ***Ding*** : fixer, stabilité au centre.

Issu des notions de mutation et de complémentarité du couple *Yin/Yang*, les principes du *Taiji quan* à travers les *Tuishou* de mêler la force et la souplesse, la légèreté et la lourdeur, de faire que la lenteur et l'accélération se produisent l'une l'autre, de suivre l'autre pour agir, reposent sur la sensation au niveau de la peau des éléments composants l'énergie de l'autre, sa légèreté ou sa lourdeur, sa vitesse, le vide et le plein, la feinte et l'attaque réelle.

Ensuite il est possible de subitement répondre par la rapidité ou la lenteur, l'avance ou le retrait, une action à gauche ou à droite, vers le haut ou vers le bas, par l'ouverture ou la fermeture, le recueillement ou l'émission du *Jing*.

Les changements très subtiles et habiles qu'autorise la nature élastique et tenace de l'énergie interne, permettent en mettant en œuvre une force élastique, analogue à un effet d'entraînement régi par les lois physiques (principes de frottement, d'action – réaction de la pesanteur) d'attirer la force de l'autre dans le vide, d'utiliser la force de l'autre contre lui-même, de faire triompher le plus léger, de maîtriser les réactions en fonction de celles de l'autre, de devancer son moindre mouvement, d'en contrôler le centre et de le projeter en densifiant notre énergie et la concentrant sur un point d'impact et une direction précise pour réaliser une explosion très sèche.

Les phrases laissées par le créateur du système des *Tuishou*, Chen Wangting dans son chant de la boxe, font apparaître que la base du *Gongfu* réside dans les portes *Peng*, *Lü*, *Ji* et *An* ainsi que dans la capacité à neutraliser la force de l'autre. « Il est difficile de m'attaquer si mon haut et mon bas suivent ensemble. Malgré la toute-puissante frappe de l'adversaire quatre *Liang* (200 g) peuvent transformer et déséquilibrer mille *Jin* (500 kg)».

Ces paroles nous livrent qu'à travers l'appui mutuel, en utilisant les principes de « transformer pour vider », les quatre forces Parer – Tirer – Presser – Appuyer *(Peng – Lü – Ji – An)* constituent véritablement le travail de base du *Tuishou.*

Plus tard le maître Chen Changxing (1771 – 1853), 14ème génération des Chen compléta par l'utilisation de l'énergie de l'écoute, des esquives et des 4 portes secondaires : *Cai, Lié, Zhou, Kao*.

Chen Changxing disait : « En adhérant à tout contact, à tout enroulement spiralé, personne ne peut deviner si c'est un saut, un repli ou une extension ; il faut toujours se souvenir : par le haut on l'amène, par le bas on le soulève. Il est toujours difficile de rattraper une perte d'équilibre ou une clé ; il est nécessaire d'avancer d'un pas si l'on veut presser, écraser, pousser ou frapper ; personne ne peut soupçonner les tactiques comme l'esquive par surprise ou la prise par ruse ; toutes les boxes utilisent les coups de poing ou de pied, mais rares sont celles qui provoquent le blocage pectoral en frappant les côtes. »

Les textes classiques laissés par nos anciens sont les fondements théoriques pour les pratiques des formes et du travail à deux.

L'extrait du *Canon de la boxe* qui présente un résumé en 5 étapes du *Yin* jusqu'à (50 *Yang* et 50 *Yin*), s'applique à la progression dans les *Tuishou* et donne des indications sur les façons de s'entraîner selon le niveau de pratique où l'on se situe. Chen Xin (1849-1929) dans son livre intitulé « Théorie sur la boxe » *Quanlun*, en parlant du rapport entre la souplesse *(Yin)* et la fermeté *(Yang)* dans la pratique, disait : "Une part de *Yin* et neuf parts de *Yang* ressemblent à un bout de bois déraciné ; deux parts de *Yin* et huit parts de *Yang* constituent une force dispersée ; trois parts de *Yin* et sept parts de *Yang* restent trop durs ; quatre parts de *Yin* et six parts de *Yang* sont proches de l'expert ; avec cinq parts de *Yin* et cinq parts de *Yang*, on peut parler d'un travail de génie : l'harmonie entre le *Yin* et le *Yang* est atteinte ; en bougeant, l'état de *Taiji* apparaît ; en s'immobilisant, il retourne au Néant."

L'art des *Tuishou* peut être considéré comme une science du combat, il est en évolution, notre pratique et notre recherche doivent perdurer pour faire avancer et approfondir cette science. L'on peut se permettre d'espérer qu'au vu de l'intérêt croissant que l'on porte à la culture chinoise traditionnelle et au développement international du *Taiji* et des *Tuishou*, l'orientation scientifique de la recherche sur les *Tuishou* va se développer, pour le profit du plus grand nombre.

4) Des relations entre les 3 étapes de pratique du *Taiji quan* et les *Tuishou*

四、演练太极拳的三个阶段
与推手的关系

Les trois étapes de la pratique détaillées présentées dans le premier volume *Taiji quan* style *Chen, Laojia Yilu/Erlu)** s'appliquent également aux *Tuishou.*

- À la première étape du travail sur l'énergie et la force manifestée (*Ming jing),* pour connaître sa force interne, le débutant doit apprendre l'enchaînement des mouvements. Ce qui entraîne l'énergie interne à travers l'exécution des mouvements. Cela correspond à des techniques à deux réalisées dans de grands cercles, elle rassemble les étapes des rapports 90/10 et 80/20 *Yang/Yin.*
- La seconde étape du travail avec une énergie et une force cachée *(An jing),* c'est l'étape où l'énergie interne guide l'exécution de la forme externe, elle correspond à des cercles moyens et rassemble les rapports *Yang/Yin* 70/30 et 60/40.
- À la troisième étape sur une énergie des plus subtiles *(Shen ming),* on appréhende sa propre force instinctive. Ceci est l'expression la plus aboutie de la richesse et de la subtilité de l'essence du *Taiji quan* de l'école Chen, c'est l'unité entre la forme externe, l'énergie interne et la pensée. Cela correspond au passage des petits cercles aux cercles invisibles et à l'équilibre *Yang/Yin* 50/50, cette dernière étape est le fruit d'années de pratiques et d'expériences accumulées au fil du temps.

Les 3 étapes de la pratique de la forme sur les 3 types du raffinement de l'énergie interne, sont donc corrélées étroitement dans la pratique avec les 3 niveaux de *Tuishou* : du grand cercle, au moyen cercle puis au petit cercle et enfin à l'absence de cercle apparent, ces deux systèmes servent de référence à la pratique, se renforcent mutuellement et interagissent ; à la première étape ou la forme est utilisée pour mobiliser le *Qi* correspond la capacité à mettre en œuvre des cercles de grandes amplitudes dans les *Tuishou*, à la seconde étape dans laquelle c'est le *Qi* qui a la capacité de mobiliser la forme, correspond à la capacité d'être efficace avec des cercles d'amplitude moyenne, puis à l'étape où l'extérieur et l'intérieur sont unifiés et s'entraînent de concert correspond à la capacité d'utiliser des cercles de petites amplitudes puis des cercles non décelables.

---

* traduit en français et rebaptisé *à la Source du Taiji quan*, Paris, Guy Trédaniel Éditeur, 2005.

À ce niveau les mouvements sont économes et d'une grande précision, le *Qi* est en abondance dans le corps, tout le corps est en alerte et insaisissable, à l'intérieur le vide et le plein se succèdent sans fin, à l'extérieur la détente et l'explosion élastique, l'accumulation et l'émission de l'énergie se répondent sans cesse, toutes les parties du corps peuvent frapper comme autant de mains, dès le contact établi avec le partenaire sur une partie du corps, cette dernière peut répondre avec précision et efficacité. Cette étape correspond à l'équilibre parfait du *Yin* et du *Yang*, à l'étape du raffinement de l'esprit et du retour à la vacuité, mais l'art de la boxe comme le disent les anciens est comme faire remonter la rivière à un bateau, si l'on n'avance plus on recule !

5) Des *Tuishou* comme seul véritable repère pour tester la pratique du *Taiji*

五、推手是检验太极拳功夫的唯一标准

Le *Tuishou* représente d'une part un examen des techniques de la boxe selon l'éclairage d'un intérêt martial des plus réalistes, il sert de support pour approfondir la « forme » et il est un critère d'évaluation du niveau du pratiquant.

La pratique des enchaînements permet d'approfondir la connaissance de soi selon l'éclairage du *Taiji*, la pratique des *Tuishou* permet de connaître l'autre et ses réactions au travers d'un échange mettant à l'épreuve la résistance. Cela peut sembler simple de prime abord mais en réalité il s'agit d'une part de conserver son équilibre tout en appliquant une force et en cherchant à exprimer un *Gongfu*, en effet sans le *Gongfu* et la force , les mouvements des *Tuishou* s'avèrent inutiles, mais il ne s'agit pas là d'une force brutale comme celle de deux buffles qui s'opposent, la force doit s'exprimer avec souplesse selon la gestuelle propre aux *Tuishou*, si votre *Gongfu* et votre « force » (*Gongli*) est suffisante vous pouvez défaire un adversaire plus imposant que vous.

La souplesse et l'absorption peuvent contrôler mille kilos, ainsi l'absence de force peut venir à bout de la force excessive, une faible masse peut détruire l'action d'une masse très lourde, mais l'inverse est également possible, il s'agit d'une interaction entre les deux expressions de la force, cela nécessite d'en effectuer une recherche réelle.

Il convient de développer une habilité particulière à percevoir l'énergie de l'autre tout en cherchant à maintenir son équilibre, le *Tuishou* permet d'examiner la technique et la direction de l'adversaire et il est un fin exercice de perception de l'énergie de l'autre ; de son intensité de ses transformations, doublée d'une analyse de l'équilibre pour ressentir comment rester centré. La pratique permet d'éclaircir les circonstances des changements de l'adversaire et de répondre par un mouvement adapté et de prendre le contrôle. Il sera possible d'avoir une réaction spontanée et de triompher dans un seul temps. À partir du niveau où vous maîtrisez les cercles moyens, de l'expression cachée, interne de l'énergie, d'un rapport *Yang*/*Yin* 60/40, vous pouvez expérimenter cela car à ce niveau les excitations que reçoit la peau provoquent une réponse naturelle et rapide qui intervient avant toute analyse consciente, ce *Gongfu* est le fruit d'une pratique assidue.

Chapitre 2

Les traités des 10 types d'énergie exprimés dans les *Tuishou*

第二章　太极拳推手十大劲论

1) L'énergie de l'écoute *(Ting Jing)*

一、听　劲　论

Le terme « *Ting jing* », l'énergie de l'écoute est un des termes les plus employés dans les formes à mains nues et dans le travail à deux ; il comporte deux sens : un travail d'écoute auditive effective, doublée d'une attention visuelle, puis l'acquisition d'une sensibilité accrue de tout de le corps, tant au niveau périphérique que central, le niveau de sensibilité et d'adaptation repose sur la pratique des formes et du *Tuishou*.

L'énergie de l'écoute se développe selon trois étapes : l'écoute au niveau des os, l'écoute au niveau de la peau et l'écoute au niveau de la pilosité, examinons ces étapes :

- le ***Ting jing* au niveau des os**, il correspond à celui du débutant, la peau est peu sensible, c'est seulement au moment où vous êtes saisi ou subissez un presser *(Ji)* ou un appui *(An)* que vous ressentez l'action par l'intermédiaire de la structure osseuse et pouvez réagir.
- Le ***Ting jing* au niveau de la peau**, la sensation est étroitement liée à l'intention et au cœur, les principes d'adhérer, coller, lier et suivre sont en place et constituent la racine de votre sensibilité, la peau devient le siège de l'écoute, vous pouvez réagir finement en anticipant dans les rotations à gauche et à droite, les montées et les descentes, selon les transformations entre la légèreté et la lourdeur.
- Le ***Ting jing* au niveau des poils**, à ce niveau de pratique, le souffle interne est abondant et peut s'exprimer avec une grande finesse sur tout le corps, l'épiderme est très sensible si bien que dans le travail à deux le contact avec l'autre peut être appréhendé dans le mince intervalle de temps qui sépare le contact par les poils à la peau

et cela permet une réponse particulièrement adaptée et rapide. Ce niveau d'écoute correspond à l'équilibre *Yin/Yang* retrouvé de la 3ème étape ; il est alors possible d'expérimenter les phrases classiques énonçant qu'une plume ne peut être ajoutée sans en garder le contrôle, que les insectes ne peuvent trouver appui sur votre peau pour se poser, le *Jing* de l'autre vient à peine d'effleurer nos poils que notre *Jing* a déjà pénétré en profondeur jusqu'à la moelle de ses os, l'autre ne peut vous sonder, vous êtes seul à connaître le potentiel de l'adversaire, « le héros n'a pas de rival ».

À notre époque les conditions d'entraînement ne sont pas idéales, il est difficile de trouver un lieu de pratique vraiment calme et de développer un haut niveau dans le travail de l'esprit, c'est pourquoi en général le niveau atteint dans l'énergie de l'écoute est celui au niveau des os, peu de pratiquants sont au niveau de l'écoute avec la peau.

La mise en place de l'énergie qui écoute n'est en fait pas très aisée, au préalable il est nécessaire de s'entraîner à l'énergie de coller et d'adhérer, *(Zhan Nian Jing),* si l'on ne peut comprendre cela l'on ne pourra appréhender une réelle énergie d'écoute, de même si l'on n'a pas une base dans l'énergie d'écoute, il n'y aura pas d'énergie d'interprétation *(Dong jing)* cela selon le principe aussi simple que si vous n'entendez pas ce que l'on vous dit vous ne pourrez encore moins en comprendre le sens.

L'énergie de l'écoute doit être reliée dans la pratique de la forme aux notions de lenteur et de vitesse, de densité et de stabilité, de vide et de plein, d'ouverture et de fermeture, mais de plus elle doit être recherchée dans les 4 principes de base du travail à deux : adhérer, coller, lier et suivre. La clef est dans l'alternance du lent et du rapide, d'un *Qi* dense et bien ancré allié à des déplacements d'une grande stabilité, à la distinction du vide et du plein, à l'union de l'intérieur et de l'extérieur. **Toutes les articulations sont ouvertes et disponibles, sans une once de force rigide et bloquée.** Pratiquer dans ce sens peut développer la sensibilité, l'efficacité atteinte ne peut se décrire avec des mots. Si votre pratique est mal orientée le souffle stagne à la partie supérieure, l'épiderme reste dur et peu réceptif, les réactions ne seront pas adaptées et tardives.

2) L'énergie de l'interprétation *(Dong Jing)*

二、懂 劲 论

Il est très important de comprendre le sens de ce type d'énergie ; il s'agit dans un premier temps de la capacité à ressentir et interpréter les éléments qui constituent l'énergie de l'adversaire, à savoir discerner le vide et le plein, la force et la souplesse, la vitesse et l'amplitude, la direction, les composantes courbe et rectiligne, grande ou petite et le point d'application de l'énergie, et de plus trouver le bon timing, la bonne position pour réagir en attirant l'énergie adverse, déviant et transformant l'action de l'autre avant d'émettre sa propre énergie pour prendre le dessus et projeter.

Le *Dong jing* repose sur une certaine maîtrise du *Ting jing*, si vous pouvez écouter l'énergie adverse vous pourrez assurément l'interpréter, dans les débuts il vous faudra beaucoup de pratique et l'éclairage d'un bon maître pour progresser sur la mise en œuvre de la capacité d'interprétation du *Jing*. Avant de pouvoir mettre en œuvre la capacité d'interprétation, il est fréquent dans les *Tuishou* d'être par trop dur et rectiligne dans vos actions, de perdre le contact ou de vous opposer.

Une fois capable d'interpréter les composants de l'énergie adverse, le désir de gagner devient plus fort stimulé par votre efficacité croissante, il faut cependant veiller à éviter les 35 défauts pouvant persister dans votre *Tuishou* : *tirer brusquement, arracher, couvrir, barricader, courber, violenter, se cacher, esquiver brusquement, envahir, oppresser, trancher, embrasser, triturer, tromper, compresser, accrocher, quitter, gagner, dégager, bousculer, confondre, durcir, écarter, empêcher, étendre, accaparer, tressauter, tabasser, aller en rectiligne, compacter, crocheter, immobiliser, gonfler, résister, rouler.* Sinon le désir de vaincre à tout prix vous éloignera de la réelle aptitude à interpréter l'énergie.

Toutes ces erreurs dans la pratique du travail à deux viennent du non-respect des principes d'adhérer, coller, lier et suivre et s'éloignent d'une pratique juste, souple et ronde.

La qualité de l'énergie *Dong jing* est aussi un moyen de vérifier le niveau de son *Gongfu* dans le *Tuishou* et la forme ; l'habilité à coller et adhérer, lier et suivre signe notre niveau dans l'art de la boxe et du travail à deux, l'on peut dire que **les techniques de la forme sont le chemin utilisé dans la méthode, et que les 8 portes en sont les moyens employés, le but étant de rassembler moyens et chemin pour utiliser avec profit les saisies, projections, esquives et frappes, les techniques de combat employées dans le *Taiji* ne peuvent être réduite au simple mot de « frappe ».**

Les styles de la boxe chinoise sont très nombreux, tous ont leur goût et leurs particularités, le *Taiji* en est un style majeur, l'énergie de compréhension ne se manifeste pas uniquement dans les *Tuishou* mais à l'instar de tous les styles, elle doit s'inscrire dans un système qui vise l'efficacité martiale dans le combat libre, c'est le but concret du *Taiji quan*. Le *Tuishou* est le terrain privilégié de la mise en application à interpréter l'énergie de l'autre grâce aux 4 principes de coller, adhérer, lier et suivre, mais en *Taiji* de même le *Sanshou* et le combat réel repose sur les 4 principes maîtres de l'énergie *Dong jing,* en effet les principes du combat libre en *Taiji* doivent être en lien avec le travail des formes et des *Tuishou*. **Ce serait une erreur de croire que le *Taiji* peut être réduit à une gymnastique de santé sans rapport direct avec l'efficacité martiale, beaucoup de personnes ignorent ces faits. Ils croient que le *Taiji quan* est juste bon pour l'entretien corporel, à l'usage des femmes ou des personnes du troisième âge, ou encore que ce sont des techniques non martiales, à finalité thérapeutique pour convalescents. Ces points de vue sont largement répandus et ancrés dans l'opinion publique d'aujourd'hui, mais ils sont en fait superficiels, erronés, et préjudiciables à la transmission authentique de cet art.**

Les écrits de Chen Changxin de la 14ème génération témoigne du potentiel martial du *Taji,* il y sera question d'une part des capacités acquises dans la pratique du travail des mains collées dans le respect des 4 traits de l'énergie qui interprète (coller, adhérer, lier et suivre), puis d'autre part de l'utilisation de cette habilité de l'énergie dans le combat libre. Le *Tuishou* a été mis au point entre autres dans le but de trouver une méthode d'entraînement au combat non dangereuse, il était conçu comme une étape préparatoire au combat réel, nécessaire pour développer une certaine qualité d'énergie.

Au travers de l'histoire nous voyons que depuis l'apparition des armes à feu le *Wushu* s'orienta naturellement vers un aspect plus gymnique, les progrès et le regard scientifique de notre époque doivent permettre d'appréhender le *Taiji* sous un jour plus complet, ses différents aspects sont bien connus : aspect bénéfique pour la santé et l'équilibre, utilisation en autodéfense, esthétisme, il conviendrait pour saisir l'ensemble de l'art du *Taiji quan* de mener simultanément la pratique des *Tuishou*, reposant sur l'énergie d'interprétation, et l'entraînement au *Sanshou* (combat libre).

Si l'on espère arriver à un résultat en matière d'énergie d'interprétation, en complément de l'enseignement d'un maître éclairé, une pratique régulière est nécessaire, la base de l'énergie *Dong jing* repose sur la maîtrise des mouvements de la forme qui permet d'en comprendre les règles et les lois des différents moyens et chemins d'expression du *Jing* dans chaque technique de la forme. C'est de la répétition et de l'analyse que s'affineront les sensations de plus en plus subtiles de la présence et de la circulation de l'énergie avec la mise en place de la capacité à l'interpréter.

L'étape *Dong jing* est l'étape moyenne, seule l'entrée dans la troisième étape de la pratique permet d'accéder au plus haut niveau ; n'importe quelle partie du corps peut alors ressentir au plus léger contact avec l'autre les différents facteurs de son énergie interne : d'où qu'elle vienne et ou elle va, son degré de densité et de souplesse, si elle s'exprime en ligne droite ou en courbe, ses transformations possibles dans toutes les directions, l'adversaire sera dans l'incapacité de rompre le contact, son *Jing* sera transformé, sa force utilisée, ses actions seront retournées contre lui. Pour arriver à cela il convient de respecter les paliers de l'apprentissage. En ce qui concerne la dernière étape, ce sera l'affaire de toute une vie.

3) L'énergie de coller et adhérer *(Zhan Nian)*

三、沾粘劲论

Cette énergie est la plus basique parmi celles des *Tuishou* du style *Chen.* Les autres types d'expression du *Jing* reposent sur un difficile entraînement qui permet d'atteindre un certain niveau dans le *Gongfu* de l'énergie spiralée (*Shansi Jing Gongfu*), alors ce travail pourra s'extérioriser au travers des *Tuishou* dans l'art de coller et d'adhérer (ceci signifie que la sensibilité se manifeste de l'intérieur vers l'extérieur de la peau vers le système pileux).

Ainsi l'on peut dire que la pratique des *Tao* (enchaînements, formes) est nécessaire pour développer une subtile connaissance de soi, tandis que celle des *Tuishou* permet de développer la connaissance de l'autre au travers de la sensation, seule cette double connaissance permet de remporter « cent victoires sur cent combat ».

Pour parler autrement, il s'agit du *Gongfu* avancé que représente la capacité de l'énergie spiralée à coller et adhérer si bien que l'autre ne peut quitter le contact, qui permet de prendre le dessus à chaque échange. Il est aussi dit : « le travail des *Tao* nourrit la base de l'énergie de coller et d'adhérer, le travail des *Tuishou* en est l'application pratique ».

Le terme « *Zhan* » : humecter, mouiller, fait référence ici à l'action dans les *Tuishou* de coller à l'autre comme s'il était recouvert d'un enduit, l'énergie spiralée est utilisée pour le contrôler, le fixer si bien qu'il ne peut rompre le contact, le sens d'avancer est présent dans cette action.

Le terme « *Nian* » : coller, gluant, visqueux, agglutiner, à le sens de suivre, de ne pas pouvoir se décoller et partir. Dans ces deux capacités *Zhan* vient en premier, *Nian* en second, sans un contact collant avec *Zhan*, il ne peut y avoir l'adhérence solide de *Nian* rendant toute perte de contact impossible, seule la présence de l'energie *Zhan* s'exprimant du dedans vers le dehors et remplissant tout le corps, pourra dans les *Tuishou* enserrer et adhérer à l'autre, alors « vous bougerez suivant les mouvements de l'autre, s'il ne bouge pas vous ne bougez pas, dès qu'il bouge vous anticipez son action et prenez le dessus sans avoir pris l'initiative de l'attaque », si l'autre agit avec rapidité votre réaction sera vive, s'il agit plutôt avec lenteur, vous suivez lentement.

L'énergie de coller et d'adhérer n'est pas facile à appréhender pour les débutants et il est fréquent que même après de nombreuses années de pratique et d'échanges il ne soit pas aisé de comprendre réellement ce qu'est cette énergie. Ceci parce que le corps du débutant est dans l'ensemble trop rigide, les muscles et les articulations ne sont pas détendus, le corps est souvent comme un bout de bois, pour le pratiquant averti il est parfois difficile d'acquérir un *Gongfu* pur et profond. Seuls les apports de la théorie peuvent aider à en saisir le sens exact, la mise en application à l'épreuve de la réalité des échanges pourra permettre d'affiner l'entraînement et par la même avancer vers la connaissance de cette énergie.

Au début le contact et la sensation de l'autre sont dans la main, puis au bras, passent aux épaules et au dos, puis la sensation se répand dans tout le corps, d'abord vient la sensation puis cette énergie est produite, la sensation précède la naissance de la capacité à coller et adhérer, une fois cette énergie en place le niveau suivant du *Gongfu* réside dans la production d'une nouvelle sensation capable d'attirer. Autrefois le *Tuishou* servait à mesurer le *Gongfu* de l'adversaire à coller, adhérer et transformer les attaques, une victoire instantanée est alors possible dans le plus haut niveau. Mais en général il est rare que l'on atteigne ce niveau, il faut combiner l'enseignement d'un maître éclairé et une pratique difficile et régulière, alors il sera possible progressivement de passer de la non-connaissance de cette énergie à une connaissance partielle puis totale.

4) L'énergie de relier et suivre *(Lian Sui Jing)*

四、连随劲论

La notion de *Lian Sui*, relier– suivre, est indissociable de celle de *Zhan Nian,* adhérer-coller, cela signifie que sur la base de l'adhérence vous êtes capable de suivre de manière continue les mouvements de l'adversaire si bien qu'il ne pourra s'échapper. Les 4 principes d'adhérer, coller, lier et suivre sont en fait interdépendants, il ne devrait en manquer aucun ; seule une solide habileté dans l'adhérence peut permettre de suivre l'adversaire en adaptant les techniques suivant ses mouvements, il ne pourra rompre le contact et à l'écoute des opportunités vous pourrez alors prendre le contrôle de ses actions en les guidant, les neutralisant en communication participative, et contre-attaquant obtenant ainsi l'avantage.

Le terme *Lian* a le sens de relier, joindre, enchaîner, cette capacité repose sur la base de *Zhan*, l'adhérence, seule la capacité à mettre un contact suffisamment collé permettra de relier les techniques entre elles.

Lian contient aussi le sens d'ininterruption, dans les échanges des *Tuishou* votre partenaire est continuellement comme enserré et poursuivi par ce lien, la qualité de ce lien doit être telle qu'il n'autorise ni perte de contact ni opposition des forces en présence, de même il s'adapte à la vitesse de l'autre ; s'il bouge brusquement vous enchaînez rapidement, si son action est lente vous enchaînez lentement, de cette façon le partenaire ne pourra trouver l'occasion de s'esquiver et de transformer.

Vos mouvements doivent être consciemment connectés à ceux de l'autre, si bien que vos techniques répondent et s'adaptent à celles de l'autre : à l'image d'une succession de vagues, une montée répondra à une action vers le bas, un appui vers le bas provoquera une action vers le haut, chaque action trouvera une réponse adaptée grâce à la qualité du lien, il n'y a plus de place pour une faille.

Le terme *Sui* a le sens de suivre, cette capacité repose sur celle de relier, si dans les échanges de *Tuishou*, vous ne pouvez vous adapter aux actions de l'autre en joignant vos actions entre elles, alors comment pourrait-on parler de suivre l'autre !

Sui signifie que lorsque l'autre se déplace et change de trajectoire, vous réagissez en le suivant et l'accompagnant. Le propos majeur du *Tuishou* est de suivre les mouvements de l'autre, de régler vos actions sur les siennes, rapidité et lenteur, l'avance et le recul, s'appuient mutuellement l'un sur l'autre, dès la prise de contact l'autre ne peut se décoller et peu importe ses tentatives pour rompre le contact, il ne pourra se défaire du lien qui l'enserre sans discontinuité, ni heurts.

Il s'agit ici de surveiller le partenaire pour saisir la meilleure opportunité qui vous assurera la victoire. *Lian-Sui* est comme une phase qui doit permettre d'appâter, de tenter le partenaire pour l'amener à se mettre dans une situation confuse, voire passive et le mettre ainsi en difficulté. Quand vous vous entraînez à la forme ou aux *Tuishou*, il ne faut pas perdre de vue l'importance de ces deux principes et de leur union.

Dans les débuts de la pratique vous ne pourrez certainement expérimenter au sein des *Tuishou* qu'un niveau ordinaire dans le lien et le suivi de l'autre ; la capacité véritable qui place l'autre sous votre contrôle rendant toute fuite ou attaque impossible de sa part, nécessite de plus analyser et de vivre comment dans le haut et le bas de son propre corps les énergies internes se relient et se succèdent mutuellement.

Le traité de la boxe énonce : « Dès que le haut du corps bouge, le bas du corps suit naturellement, si c'est le bas du corps qui commence à bouger, le haut du corps guide naturellement l'énergie, quand les parties hautes et basses bougent simultanément, la partie médiane répond de façon adaptée, si c'est la partie médiane qui initie le mouvement, le haut et le bas suivent harmonieusement, intérieur et extérieur se suivent, avant et arrière s'appuient l'un l'autre et bougent à l'unisson, ceci est précieux. »

Si vous pouvez mettre en œuvre cela, ressentant le lien et le suivi naturel de l'énergie en vous et que votre corps fonctionne comme un système unifié, alors dans les *Tuishou* vous pourrez appliquer l'énergie *Lian Sui* au plus haut niveau.

5) L'énergie de conduire et transformer
(Yin Hua Jing)

五、引化劲论

Le terme *Yin* prend le sens de conduire, absorber, diriger et attirer l'action de l'autre, dans les *Tuishou*, *Sanshou* ou la lutte libre, il s'agit d'attirer, de piéger l'attaque adverse, c'est le premier temps nécessaire pour dévier et transformer *Hua*. Sans ce potentiel d'absorption qui permet une prise de contrôle de l'action, il n'y aura pas de transformation possible, de même sans transformation l'on ne peut parler de conduire et guider, conduire et transformer collaborent finement et se produisent mutuellement. On ne peut pas parler du travail de transformation si l'ennemi n'a pas encore montré « son jeu », mais, si on ne sait pas réagir en le neutralisant alors il est vain et dangereux de faire sortir « l'ours de sa tanière » ! Cette énergie repose sur celle de l'adhérence, il convient sur la base de ce contact d'absorber l'énergie de l'autre et l'emmener dans sa propre trajectoire en transformant sa ligne de force, neutralisant l'action en rendant une action aussi ferme que l'acier comparable à l'impact d'une plume. Puis après avoir neutralisé l'attaque de l'autre j'en profite pour contre-attaquer avec une sortie de force, transformant et frappant dans le même temps.

Quand vous avez suffisamment d'énergie *Yin Hua* vous avez la sensation de pouvoir suivre tous les changements de direction de l'énergie adverse sans perdre le contact ni faire d'obstruction, alors peu importe que vous avanciez ou reculiez, portiez une action vers la gauche ou vers la droite, vers le haut ou vers le bas, vos mouvements seront sans forme manifestée ni ne laisseront de trace, suivant l'énergie de l'autre en collant, adhéreront, *Lian* et *Sui*, vous induirez l'autre à se mettre en danger et utiliserez épaules, coudes, hanches genoux ou mains pour le frapper ou placer une clé, prenant ainsi aisément le dessus.

Chen Xin énonce que : « la neutralisation de l'attaque adverse peut être concomitante à la contre-attaque », cela nous incite à analyser comment au sein des mouvements la conduction et la transformation peuvent être menées à bien sans utiliser une force brutale. Après avoir correctement absorbé et transformé, il convient de rassembler son énergie puis d'exploser, avec un bon niveau il sera toujours possible de trouver un angle, une direction, un moment opportun pour placer un *Fajing*.

Par exemple si le partenaire applique sur votre bras droit une poussée avec ses deux mains, dans un premier temps votre réaction sera d'accepter sa ligne de force par un arrondi vers le bas, puis progressivement vous prendrez le contrôle de la ligne d'action en conduisant la poussée vers le haut, ceci a pour effet de neutraliser définitivement l'efficacité de la poussée, vous vous baissez en venant placer la jambe droite entre celles de l'adversaire pour vous rapprocher de lui, votre avant-bras passe d'une forme d'absorption en supination à une pronation vers l'extérieur pour contre-attaquer en repoussant.

Il existe de nombreuses techniques de ce type mettant en œuvre la conduction et la transformation, elles peuvent être décelées dans l'étude de temps de transition entre les mouvements de la forme, la pratique des exercices en solo en répétition. Il conviendrait d'avoir une pratique régulière et sincère, d'entretenir sa motivation, et de s'exercer avec grâce, alors dans les échanges, dès que vous « sortez la main » c'est toute la symbolique du *Taji* qui s'exprime, dans vos actions sont contenues la ligne droite et le cercle, la fermeté et la souplesse.

Sur le plan tactique, on ne laisse rien deviner tout en contrôlant l'adversaire. À ce propos, Chen Changxing disait : « Enrouler, faire une clé, crocheter, balayer, esquiver, feinter, attaquer à l'est pour frapper à l'ouest. » On voit clairement le cheminement pour entraîner l'ennemi dans un piège, pour neutraliser sa force.

Quand vous avancez vers l'autre en absorbant et neutralisant son attaque il faut veiller au maintien du bon placement de votre énergie pour opérer une préparation correcte de la sortie de force ; comme le dit Chen Xin : « concentrer son énergie avant l'attaque est comme bander un arc, exploser dans l'attaque est semblable au lâcher de la flèche », cela indique que pour projeter efficacement il faut être habité par l'intention de placer une attaque cassante, percutante et appuyée, l'arc doit être bandé à son maximum, ceci combiné avec une transformation pure et claire de l'attaque adverse la menant au vide, assurera un lâcher puissant de la flèche, plus elle va loin plus elle est puissante.

Dans l'étude des *Tuishou* et du *Sanshou* il faut privilégier l'apprentissage des éléments ayant trait au domaine du *Yin* et non du *Yang*, donc les phases de concentration et de recueillement de l'énergie, *Xu Jing*, puis secondairement vous expérimenterez l'émission de l'énergie, *Fajing*, le temps séparant les phases *Xu* et *Fa* devenant graduellement plus bref.

6) L'énergie de la saisie *(Na Jing)*

六、拿 劲 论

L'énergie est exprimée par la main utilisée pour saisir l'adversaire au niveau des articulations des bras, des coudes, des poignets ou des doigts et les placer dans un angle mort, la saisie provoque une sensation de rupture au niveau des tendons, de fracture des os et des douleurs dans la poitrine, pour cela il n'est pas nécessaire d'opérer une torsion de l'articulation. La saisie permet de contrôler l'adversaire, cela est aussi appelé *Na Fa*, la méthode des saisies, chaque école d'art martial à sa recherche propre en termes de saisie, celle du *Taiji* en est parmi les plus subtiles, dans le sens où les saisies du *Taiji* ne nécessitent pas de grands mouvements pour être efficace, il est question d'une technique très fine basée sur une convergence des forces.

Pour que le potentiel martial du *Taiji* soit complet il est nécessaire que la pratique prenne en compte non seulement les transformations et les frappes mais aussi les saisies, les projections. Ainsi la place de l'énergie *Na* dans le *Tuishou* est-elle des plus importantes, il convient de ne pas la mésestimer, par contre la saisie ne doit pas être appliquée pour elle-même ; ainsi si dans un échange de *Tuishou* soudainement vous voyez une technique de saisie sèche et isolée cela signera un affaiblissement de l'éventail martial du *Taiji*.

En effet dans les *Tuishou*, les techniques coller-adhérer, lier-suivre, transformer, saisir et projeter, sont en *Taiji* des étapes préparatoires aux frappes, il faut les considérer comme des éléments favorisant des sorties de force. Les classiques énoncent : « Il convient d'enchaîner la saisie par une frappe, si vous souhaitez frapper placez d'abord une clé ». Pour utiliser l'énergie *Na* avec efficacité il est nécessaire d'employer des techniques de mains habiles et fines, ceci afin que l'autre ne puisse s'échapper ni transformer votre prise en se déplaçant, l'ajout d'une frappe ne nécessite alors pas de temps de réflexion intermédiaire, ni d'ajustement de la position. Pour placer la saisie vos mains doivent être habiles, vivantes et légères, si bien que l'autre ne pourra détecter le début de la prise. Cela signifie que pour saisir avec l'esprit du *Taiji* il ne faut pas utiliser la force de manière brutale et rigide, mais plutôt enrouler et suivre avec précision pour établir la prise avec légèreté, puis progressivement celle ci va devenir ferme et pesante ne laissant pas à l'autre la possibilité de s'échapper.

Comme la méthode de saisie dans le *Taiji* utilise l'alternance des supinations et des pronations, il convient de maîtriser le suivi des changements de direction de l'adversaire afin de trouver la meilleure opportunité. Si vous sortez la main sans légèreté l'autre pourra ressentir votre énergie, la mesurer et s'échapper, cependant il est encore possible d'utiliser ce temps de retrait pour tenter de placer une autre saisie avec rapidité.

En appliquant les saisies il faut également veiller à maintenir pour soi-même un niveau de détente et de densité corporelle suffisant, une disponibilité en ouverture des articulations, ceci pour éviter que le fait de placer la clé n'ait comme conséquence une remontée du *Qi* vous faisant alors perdre vos racines. Si le souffle remonte il est clair que la base perdra en solidité, le centre de gravité sera moins stable et le corps se trouvera facilement en difficulté, comment dans ce cas parler de saisie. Si vous pouvez rester *Fangsong* (relâché, détendu) l'attitude que vous adopterez sera naturellement contenante, le deux côtés du corps vont converger naturellement vers le bas et l'avant comme se resserrant vers le nombril, l'entrejambe est contenant, les épaules en légère fermeture, toutes les parties du haut et du bas du corps peuvent se répondre et s'influencer sans contrainte, si tout le corps reste détendu, il n'y a pas une partie des membres qui ne soit en convergence et ne participe de l'action, il n'y a pas de dispersion possible de l'énergie. Si vous exprimez un temps calme il n'y a pas une partie qui ne soit au repos, si vous exprimez un temps fort du mouvement il n'y a pas une partie qui ne soit en mouvement.

Parler de saisir doit impliquer l'accord du dedans et du dehors, une capacité à passer de la légèreté à la lourdeur, une maîtrise de la précision du point d'application de la force. Votre énergie doit progresser en spirale comme le fait une balle de fusil, s'exprimer sans détour.

À l'énergie de *Na* est souvent adjointe celle de *Cai* (tordre, faire une clé), la sphère des zones du corps qui utilisent *Na* et *Cai* comprend généralement : les bras, la poitrine, le ventre, les côtes, les épaules, les triceps au niveau des zones concaves. Ces parties du corps appuient les mains pour appliquer les saisies surtout quand l'adversaire vient vers vous pour vous porter une attaque de paume ou quand il est saisi et parvient à contre-attaquer en vous pressant en *Ji*. Dans ce cas cela prouve que l'intensité de l'énergie *Peng* était insuffisante et lui a permis de transformer, il est encore possible de reprendre le dessus en utilisant *Na* et *Cai* ; il faut dans un premier temps réagir en transformant votre saisie en *Lu* pour neutraliser son *Ji*, dans le cas où l'adversaire vous presse du bras droit, votre main gauche vient envelopper son bras droit pour le contrôler au coude, tandis que la main droite couvre son poignet droit, puis il convient de sèchement combiner l'action des mains avec celle de votre poitrine (le bras de l'adversaire étant très près de vous dans son pressé) pour placer un *Na Cai.*

Les méthodes de saisies sont nombreuses ; que vous utilisiez les combinaisons main-poitrine, main-côté, main-ventre, main-jambe, main-main, dans tous les cas il convient de veiller à ne pas blesser le partenaire en prenant la dangerosité de ces techniques à la légère. Les débutants en particulier ont du mal à doser la force et peuvent paradoxalement être dangereux, ils ne maîtrisent pas l'amplitude correcte et le niveau de légèreté nécessaire pour l'exécution correcte, c'est pourquoi dans l'entraînement il est important que s'installe une réelle coopération.

7) L'énergie de l'ouverture et de la fermeture *(Kai He Jing)*

七、开合劲论

Kai, l'ouverture, prend le sens de déploiement d'attaque et d'expansion, *He*, la fermeture contient les sens de concentrer, condenser, resserrer, conduire et attirer (*Yin* et *Xu*), la flexion et le repli. Le couple *Kai He* reflète à la perfection la dualité complémentaire *Yin/Yang*, les jeux de la force et de la souplesse, du repli et de l'attaque propres au système emprunté par le *Taiji quan.*

Donc ouverture et fermeture font référence à des actions opposées mais participantes d'un tout, se soutenant et se produisant mutuellement. Si l'on souhaite ouvrir dans un premier temps il conviendra de ménager un temps de fermeture, seule cette phase de rassemblement de l'énergie permettra de déployer l'action de façon optimale.

Le système *Kai He* évoque aussi les deux temps d'absorber et de contre-attaquer, que ce soit dans les pratiques des formes, des *Tuishou* ou du *Sanshou*, ce système est employé, car dans l'enchaînement ou le *Tuishou* tout mouvement mobilise chaque partie du corps en ouverture ou en fermeture, c'est pourquoi il convient d'en avoir une connaissance précise. Chen Xin reprendra les écrits des poètes et des philosophes, évoquera les œuvres des peintres qui tentent de faire ressentir les multiples nuances et la beauté de l'ouverture et de la fermeture tant il est délicat de les traduire avec des mots. Pour le pratiquant, une pratique assidue bien guidée permettra d'en appréhender la subtilité.

Dans le couple *Kai He*, la phase de fermeture *He* est la plus importante, elle fait référence à la préparation de la sortie de force et doit donc être soignée, pour ouvrir il faut d'abord avoir agi en fermeture, une fermeture bien menée assurera une ouverture puissante et claquante, dans le cas contraire la sortie de force serait sans force, par trop raide et lente.

He ne se réduit pas à une simple gestuelle de fermeture au niveau des bras, mais c'est l'intention, le souffle, le geste et l'esprit qui participent de concert. Née dans le cœur l'intention de *He* emplit tout le corps au niveau des membres et de l'état d'esprit, il n'y a pas un endroit qui ne participe à la fermeture. Sous ces conditions le *Fajing* correspondant à la phase d'ouverture, est naturellement puissant, sec, « violent », semblable à une explosion, il porte loin, on peut comparer le travail de fermeture à celui de la préparation d'un pétard, plus il sera enroulé serré et plus sèche sera l'explosion.

Comme dans la phase de fermeture l'ouverture doit être dirigée par le cœur, l'intention d'explosion – extension est présente dans tout le corps, du haut en bas tout participe de l'ouverture. le cœur est l'origine, l'intention presse ensuite le geste de l'intérieur, le *Qi* suit la progression du *Jing*, le *Fajing* est pur. Si dans la pratique de la forme et des *Tuishou*, l'intention dirige les phases de fermeture et d'ouverture, le *Qi* circulera harmonieusement dans tout le corps.

Kai Jing, l'énergie d'ouverture prend sa source aux talons : quand le pied presse au sol ; les orteils et la plante du pied accrochent le sol, puis les talons utilisent la force, le centre du pied au point *Yongquan* doit rester vide. Selon cette méthode une force peut jaillir du sol et être dirigée vers le haut, il s'agit d'utiliser la force de réaction du sol, le *Fajing* est puissant, la base solide, l'attaque peut être d'une grande précision. Sitôt l'énergie émise tout le corps doit se détendre et ne pas se trouver déstabilisé par la violence de l'action. Dans le *Fajing* c'est le bord interne du pied qui est le plus important et plein, le bord externe sert uniquement en soutien, puis l'énergie interne remonte dans les jambes, atteint la taille et va jusqu'aux mains. L'énergie d'ouverture doit s'exprimer dans un certain rayon d'action, car elle met en œuvre le corps dans son ensemble, elle véhicule une certaine violence, et est émise sur une courte distance. Si la cible est trop éloignée et vous oblige à porter l'attaque hors du rayon d'action optimal, il sera difficile d'atteindre l'adversaire, votre action pourra certainement être neutralisée et vous serez en position d'infériorité.

Pour bien marquer la phase de fermeture il faut veiller à la détente des épaules, au lâché des coudes, effacer la poitrine et asseoir la taille, le *Qi* va adhérer au dos, l'énergie sera émise dans l'espace d'un inspir et d'un expir. Il convient également d'éviter de marquer un temps d'hésitation qui aurait pour effet une stagnation de l'énergie, le *Qi* manquerait de vigueur, l'énergie serait dispersée, la frappe sans réelle force.

8) L'émission explosive de l'énergie *(Fa Jing)*, les sorties de force

八、发 劲 论

Le lâcher de l'énergie s'opère principalement selon deux modes : le mode long c'est le *Fajing*, et le mode court c'est le *Doujing*, le terme *Dou* signifie tressaillir secouer, fouetter, frissonner. Ce type de sortie de force fait référence à une frappe très courte émise sur une petite distance, allant jusqu'à celle d'un *Cun* (environ 3 cm), c'est pourquoi on la nomme aussi *Cunjing*. Les deux modes reposent naturellement sur la détente profonde du corps et sur une phase d'accumulation suffisante, la force du *Fajing* et du *Doujing* prend sa source dans les pieds, circule de façon spiralée dans les jambes, se dirige à la taille et s'exprime aux quatre extrémités.

Le *Fajing* met en œuvre la nature élastique et flexible de l'énergie interne, fruit d'une longue pratique des formes et des *Tuishou*. Pour développer cette nature de ressort il faut non seulement travailler sur le relâchement et la décontraction musculaire de tout le corps mais de plus, entraîner l'agilité et la vivacité des perceptions et sensations. La technique doit être exécutée en respectant la physiologie et la science du mouvement qui permet une action puissante qui ne blesse pas le corps. En *Taiji* « utiliser l'intention et non la force » fait référence à la non-utilisation d'une contraction musculaire inappropriée et maladroite, bloquée.

Dans l'étude des *Tuishou* il convient de distinguer force interne et force externe. Le corps humain est soumis à l'influence de l'attraction terrestre qui s'applique au centre de gravité, en plus il existe la force de pression volontaire au sol, la force de réaction du sol, la force de frottement, la force d'inertie, la force spiralée, la force directe, la force horizontale. Dans l'échange du *Tuishou* la force extérieure est celle mise en œuvre par le partenaire, il convient grâce à l'énergie de conduire, de dévier la ligne d'attaque et d'utiliser cette force contre lui, si le niveau n'est pas suffisant vous ne pourrez diminuer l'intensité ou dissoudre la force externe de l'autre, dans ce cas les deux forces externes des pratiquants vont mettre en œuvre les énergies internes respectives. Dans ce contexte de mise en rivalité, les forces internes sont reliées, la victoire sera à celui dont l'énergie interne est la plus intense, véloce, sèche, claquante et froide, dans le temps des sons *Heng* et *Ha* (émis à l'inspir et à l'expir). L'avantage devrait être obtenu d'une manière claire autrement la victoire serait peu convaincante, voire forcée et manquant de style. Une sortie de force de qualité signe la présence d'un *Qi* originel du ciel antérieur *(Xiantian Yuan Qi)* bien nourri et d'une circulation abondante du *Qi* et du *Jing* dans tout le corps, résultat d'une pratique quotidienne permettant l'acquisition d'un réel *Gongfu*.

Au moment de la sortie de force les orteils des deux pieds agrippent le sol, utilisant la force de réaction du sol, la puissance des organes et de toute la structure se concentre vers une seule direction, la technique est franche et la victoire est évidente.

Les temps *Hua* et *Xu* (transformer et condenser) sont les préalables à la sortie de force, l'intention de frapper doit être présente au sein de la transformation avec le temps de recueillement de l'énergie. Une frappe donnée sans avoir transformé sera trop externe, trop dure, si vous transformez sans accumuler l'énergie, l'attaque sera sans force, ces deux phases doivent être présentes et rester indissociables. Elles doivent s'appuyer l'une l'autre et se générer mutuellement : la transformation doit contenir le germe de l'accumulation, l'attaque (*Fa*) est au cœur de l'accumulation (*Xu*).

Pour améliorer la qualité des sorties de force il faut entraîner le corps dans le sens de l'étirement des muscles, l'allongement des tendons, en cherchant à expérimenter les modes long et court du lâché de l'énergie. Par exemple dans une attaque de coude vers le haut, le haut et le bas du corps doivent travailler des directions opposées en produisant un étirement. La zone de séparation entre le haut et le bas est au niveau du nombril sur l'avant et au niveau de *Mingmen* à l'arrière. Les deux côtés du corps ne travaillent pas de la même façon, le côté du corps qui porte l'attaque de coude voit une séparation du *Qi* : en dessous de la taille le *Qi* circule vers le bas, au-dessus il circule vers le haut, tandis que de l'autre côté le *Qi* descend pour aider le côté qui frappe. Cette méthode permet de conserver la stabilité de la base et assure une sortie de force très nette au niveau du point d'application.

Durant l'étape intermédiaire de la pratique c'est le mode long de sortie de force qui sera acquis, vous avez alors des *Fajing* puissants mais une forme de violence est encore nécessaire, la technique peut encore s'affiner. L'entrée dans le niveau supérieur sera marquée par la capacité à employer le mode court *Dandou*, l'explosion se produit à très courte distance, dans l'espace d'une secousse très sèche et brève. Au plus haut niveau la préparation reste imperceptible, elle se situe purement au niveau mental, le corps est en harmonie parfaite, le haut et le bas se connectent en une seule énergie de fermeture, n'importe quelle partie du corps peut en même temps transformer et exploser, provoquant une secousse rapide comme l'éclair apte à faire décoller du sol l'adversaire. Pour arriver à cela il convient de respecter les paliers de l'apprentissage, c'est à dire débuter par des mouvements de grande amplitude dans l'étape des grands cercles, puis passer aux cercles moyens et petits pour enfin réduire le cercle à un point. En même temps vous passez de la lenteur à la rapidité, de la rapidité à l'instantané et de l'instantané à l'éclair.

9) L'énergie de soulever *(Ti Jing)*

九、提 劲 论

Cette énergie est en fait l'action de l'énergie spiralée vers le haut pour déraciner l'adversaire. Sur la base de coller – adhérer, relier – suivre, l'énergie spiralée agit pour soulever le centre de gravité de l'adversaire, il perd ses racines et vous prenez le contrôle. Le déracinement de l'adversaire doit être soudain afin de provoquer au minimum la surprise voire une certaine frayeur chez l'autre propre à le déstabiliser sur le plan émotionnel. Un autre élément facilitant est la qualité de votre déplacement, il doit être léger et alerte afin que l'autre ne puisse déceler trop tôt votre intention, faute de quoi il va percevoir votre énergie et esquivera votre attaque, il convient alors de ne pas insister pour le déraciner pour éviter de tomber dans une situation désavantageuse.

Maître Chen Changxing a écrit : « Il faut se souvenir de ceci : par le haut on l'entoure, par le bas on le soulève, qu'il ne se doute de rien, ni de la prise par ruse, ni de l'esquive par surprise. » Dans les *Tuishou* il est très important, indépendamment de la technique utilisée, que le partenaire ne puisse détecter votre énergie ; quand vous avancez et sortez la main vers lui, il faut le faire avec légèreté et bien suivre ses mouvements pour placer les vôtres en suivant et transformant, si l'autre ressent votre action trop tôt il sera en mesure de déstabiliser votre centre, de vous attirer vers le haut ou sur les côtés si bien qu'il sera difficile de retrouver votre équilibre.

L'énergie de soulèvement provient de la somme de mouvements vers le haut au niveau des jambes, de la taille et des bras ; quand vous avancez et soulevez une jambe il faut veiller à bien ancrer au sol la jambe d'appui pour asseoir le centre de gravité, la jambe active s'insère contre l'intérieur d'une jambe de l'adversaire avec légèreté pour venir choquer énergiquement la jambe en exprimant l'énergie spiralée vers l'extérieur et le haut, ceci aura pour effet de détruire l'ancrage du centre de l'adversaire, puis l'avant-bras en suivant le mouvement de la taille porte une action spiralée vers le haut. Si l'action échoue en partie et que l'adversaire n'est pas vraiment soulevé du sol, il est en partie en difficulté dans une attitude d'étirement entre le haut et le bas, son bras est levé, il convient alors d'enchaîner par une action vers le bas en changeant en *Lu* et *Cai.*

Pour une application efficace de l'énergie de soulever, d'une part la jambe et la taille avancent pour entrer au contact de l'adversaire, les mains et les pieds pressent vers le haut, mais d'autre part au moment de finaliser l'action il convient de maintenir l'énergie au sommet de la tête, de rester concentré et de bien placer son regard, opérer une rotation du *Dantian*, le *Qi* s'élève et se colle à la colonne vertébrale et déracine l'adversaire en un éclair. L'idéal est de placer l'action de façon très sèche afin de susciter la frayeur comme si l'adversaire venait de voir un esprit, il sera alors comme sur un ballon en mouvement, perdant l'équilibre dès qu'il bouge, ses racines sont dissoutes, son mental attiré vers le haut. Les débutants ne doivent pas s'intéresser trop tôt à la technique de décoller l'autre et frapper, cela viendra naturellement avec la pratique.

10) L'énergie enroulée *(Shansi Jing)*

十、缠丝劲论

L'énergie spécifique au *Taiji quan* est dite « enroulée comme le fil de soie », elle naît en profondeur et se manifeste dans la forme extérieure puis au niveau de la peau et du système pileux. Elle est produite progressivement par la répétition des mouvements spiralés des changements de direction qui s'enchaînent tout au long de la pratique de la forme, la nature de la gestuelle est propre à donner une forme spiralée à l'énergie interne. Dans les débuts de la pratique l'on ne la perçoit pas, puis on la ressent progressivement, elle débute dans les pieds, remonte dans les jambes, traverse la dos atteint les avant-bras et finalement le bout des doigts, jour après jour, année après année, elle suivra ce chemin de la façon la plus naturelle, il ne sera plus nécessaire d'ajouter une pensée pour la faire progresser, elle suit spontanément « les désirs du cœur » dans l'étape ultime de l'illumination de l'esprit.

Dans les échanges à deux, où se succèdent transformations et frappes, elle emprunte les formes : *Xun* (enroulement centripète) avec l'avant-bras en supination dans les temps où il convient de conduire et d'absorber, acceptant la ligne de force donnée par l'adversaire, et *Ni* (enroulement centrifuge) avec l'avant-bras plutôt en pronation dans les temps où il convient de repousser, contre-attaquer. Dans les états supérieurs de la pratique elle est purement émise au niveau du cœur, on n'a plus de conscience précise de notre corps et on ne peut situer l'origine de la force, en fait pour vraiment connaître cette énergie un *Gongfu* véritable est nécessaire.

Il existe de nombreuses variantes de l'énergie enroulée en fil de soie : vers l'intérieur, l'extérieur, le haut et le bas, à gauche ou à droite, ample ou brève, centripète et centrifuge, vers l'avant ou vers l'arrière, directe ou latérale, horizontale ou verticale…

Tous ces modes d'expression s'enchaînent et se produisent entre eux. Cette énergie s'enroule et se déroule dans tout le corps à la périphérie comme en profondeur, elle ne doit pas être trop relâchée ni trop dure ; trop souple elle ne sera pas applicable dans le travail à deux, cela se nomme « la main molle », dans ce cas il est difficile de maintenir le contact, de même une énergie trop dure et raide donnera des changements de direction maladroits, les actions seront figées, vous serez en difficulté pour suivre l'autre et passerez souvent sous contrôle, il est vraiment nécessaire d'allier la force et la souplesse, de jouer avec le vide et le plein.

Quand l'on pratique il faut garder un état d'esprit serein, calme et paisible « comme une jeune fille », mettre l'accent sur l'intérieur et non sur l'extérieur, éviter de montrer une attitude arrogante, voire frénétique, vous devez au contraire adopter un air dégagé et en même temps plutôt intériorisé, adopter un style élégant.

Au contact du partenaire vous opérez alors aisément les changements de façon naturelle dans l'avancée ou le recul, la lenteur et la vitesse, la légèreté et la lourdeur. Saisissant les occasions de transformer selon les principes du *Yin* et du *Yang*, sans travers ni perte du centre, manifestant l'excellence dans l'ouverture et la fermeture, point n'est besoin de préciser la technique employée.

Du début à la fin de l'enchaînement les lignes courbes, les cercles et les spirales se succèdent sans interruption comme le déroulement d'un fil de soie, dans la forme il n'y a pas vraiment de début ni de fin. Pour les pratiquants de *Taiji* la figure qui illustre l'enroulement de l'énergie spiralée sur un homme est des plus précises. L'énergie véhicule le *Qi* originel de la grande concorde (*Tai He Yuan Qi*), c'est la représentation véritable du *Yin/Yang*, elle est aussi importante dans la pratique que les représentations des huit trigrammes et autres carrés magiques employés par les stratèges. En général l'on se réfère plutôt pour illustrer le *Taiji* au symbole des deux poissons, il représente en effet le couple des opposés complémentaires, la production mutuelle et l'interpénétration, mais seule la figure de l'homme enroulé dans les fils de soie est à même de représenter toute la subtilité de l'énergie *Shansi Jing*.

Chapitre 3

Entraînement à la répétition des techniques en solo *(Dan Shi Shi Lian Fa)*

第三章　单势训练法

1) Présentation

一、单势训练简介

La répétition des techniques tirées des enchaînements est très importante pour développer l'aspect martial du *Taji*. L'on dit : « *Yilu Yang Qi*, *Erlu Baofa* », dans le *Yilu* l'accent et mis sur nourrir le *Qi*, dans *Erlu* il est mis sur les sorties de force ».

Une longue pratique de la première forme permet d'installer la détente, de cultiver le *Qi* qui deviendra abondant et circulera jusqu'au niveau de l'épiderme, mais il est fréquent qu'il y ait un manque de force pour une réelle mise en application, c'est pourquoi à un certain niveau il est nécessaire d'étudier le « Poing canon » pour pallier les insuffisances du *Yilu*. Les exercices en isolation des techniques, *Danshi Lian Xi,* sont faites pour renforcer la pratique du *Erlu*, dans le sens de développer une par une les différents types d'énergie et d'élever l'efficacité martiale, ils constituent également une base importante pour les *Tuishou*.

Avant de débuter une séance de *Danshi* il convient de faire au moins une fois un enchaînement en veillant à la détente et à l'ouverture des articulations, c'est une pratique importante qui doit vous accompagner dans tous les niveaux de la pratique. En général l'on sait que la pratique de la forme vous permettra d'amener l'énergie aux quatre extrémités, de développer une puissante circulation du *Qi* dans tous le corps en mettant en place les révolutions célestes, le *Qi* franchissant les 3 passes du dos et pénétrant les 3 *Dantian*, descendant jusqu'à *Yongquan*.

Puis vous gagnerez en agilité et en coordination, les mains et les pieds seront d'une grande précision, les déplacements seront légers. Le *Tuishou* fait partie des *Gongfu* à visée martiale, il convient de bien s'entraîner aux déplacements vers l'avant, vers l'arrière, aux esquives, aux frappes, d'expérimenter les situations de combat, afin d'être capable d'opérer les changements de direction et les préparations sans laisser de traces.

L'adversaire ne doit pas pouvoir écouter votre énergie ni trouver prise pour exploiter les actions des mains et des pieds, vos actions sont elles percutantes et vives comme l'éclair, pour atteindre ce niveau de pratique, les exercices en répétition sont indispensables, la répétition vous permettra d'en retirer toute leur subtilité, dans les échanges vous ne ferez plus les erreurs de la perte du contact ou de l'opposition des forces, vous attaquerez de façon libre, sous la direction de la pensée, toute partie de votre corps pourra mettre en œuvre des réactions naturelles en réponse soit au *Gongfu* de l'adversaire soit à la force.

Dans toutes les écoles du *Wushu*, que ce soit dans les styles dits externes ou les styles internes, sont prévus des modes d'entraînement difficiles pour acquérir une réelle efficacité, les capacités hors du commun acquises dans l'histoire des grands maîtres de *Wushu*, sont toujours basées sur la sueur, la répétition et un entraînement acharné. On peut citer par exemple « le pied » de Li Bantian la Moitié du ciel à Shandong, « les serres » de l'aigle *Wang*, 'la chute' de Mille chutes *Zhang,* « le demi-pas » ébranlant le ciel de Dong Haichuan (la Boxe *Bagua*).

En *Taiji quan,* Chen Fake (1887-1957) connaissait l'issue de la confrontation dès qu'il croisait la main de l'adversaire. Pour lui, gagner ou perdre se jugeait en un « *Heng -Ha* ».

Son fils Chen Zhaokui (1928-1981) utilisait de très petits cercles pour éjecter. Il surprenait par l'esquive et réussissait les clés partout et de manière très subtile.

Son cousin Chen Zhaopi (1893-1972) était très habile pour 'enrouler, verrouiller, accrocher, balayer', il faisait perdre l'équilibre à l'adversaire, d'un coup de coude le soulevait du sol et le faisait tomber dans un coin du mur sans que ce dernier ait eu le temps de réaliser ou de comprendre ce qui s'était passé.

Feng Zhiqiang (né en 1926), disciple de Chen Fake, est très souple pour les déplacements, très stable, très puissant ; renvoyer l'adversaire, fouetter, éjecter : il est excellent sur tout.

Ainsi chaque Maître est connu pour ses spécificités techniques, c'est le fruit d'une longue recherche, le résultat de la mise en pratique en solo.

Les Anciens disaient : « En répétant dix mille fois, le naturel et la fluidité apparaissent ». Ou encore : « Tu es habile sur ce que tu as travaillé. » C'est clair qu'il faut s'entraîner assidûment avec chaque partie du corps : l'épaule, le coude, la main, le pied, l'aine. On devient de plus en plus sûr de soi, la réaction devient naturelle, rapide, compacte.

Voici les différentes techniques dont les pratiquants peuvent s'inspirer pour progresser en poussée de mains -*Tuishou.*

Nous présentons ci après des exercices qui entraînent de façon spécifique toutes les parties du corps.

2) Techniques de pied *(Jiao Fa)*

二、脚的训练方法

Position de départ : en appui sur la jambe gauche légèrement fléchie, lâchez la poitrine, rentrez légèrement le ventre, l'aine droite relâchée maintenez bien l'énergie présente au sommet de la tête, le regard se porte sur l'avant (figure 3.1).

Fig. 3.1

Fig. 3.2

Fig. 3.3

A) Coup de pointe vers l'avant *(Qian Tijiao)*

Il s'agit de donner un coup de pied bas avec la pointe, la jambe d'appui est fléchie, les orteils bien agrippés au sol, le centre de gravité doit être stable. La poitrine reste effacée, le bas-ventre rentré, une intention de fermeture est présente dans tout le corps, sauf la jambe qui attaque qui doit se déployer et avoir suffisamment d'énergie *Peng,* veillez à arrêter le mouvement au bon moment. La jambe doit restée détendue, trop contractée, l'énergie ne pourrait atteindre la pointe du pied, le dos du pied droit doit être tendu et plat (figue 3.2).

Les premiers temps il convient de donner le coup de pied lentement, puis quand l'intention, le *Qi* et la forme feront corps, vous pouvez frapper plus violemment, le point d'impact est particulièrement net.

Dans ce coup de pied on frappe vers l'avant avec la pointe du pied, les côtés du pied sont utilisés pour les frappes latérales (figure 3.3).

Fig. 3.4

Fig. 3.5

B) Coup de pied à l'horizontale *(Ping Tijiao)*

Il est similaire au précédent mis à part que le coup est porté plus haut, en général à la hauteur du bas-ventre ou des parties, comme précédemment il convient d'enchaîner les frappes des deux côtés en alternant le coup de pied vers l'avant à droite puis le coup de pied horizontal à gauche, l'attaque peut être portée avec la pointe ou le plat du pied (figures 3.4 et 3.5).

Fig. 3.6

Fig. 3.7

C) Coup de pied vers le haut *(Shang Tijiao)*

C'est une attaque vers le haut, en général à hauteur du menton, il convient de rester bien stable durant la frappe, l'action doit être légère et rapide, seule la vitesse et une certaine sécheresse de frappe donneront efficacité et précision à l'impact. (figure 3.6). Il est également possible de frapper le dos du pied avec la main comme dans le coup de pied sauté du *Yilu*, sauf que vous ne sautez pas, travaillez les deux côtés (figure 3.7).

D) Coup de pied écrasant *(Xai Cai Jiao)*

Fig. 3.8

Il s'agit de porter une frappe du plat du pied au sol comme pour écraser. Vous pouvez le travailler en commençant les pieds joints, pliez légèrement sur la jambe gauche, passez le poids sur la gauche en passant par une courbe vers le sol, maintenez un ferme ancrage au sol par les orteils de la jambe d'appui, puis levez le genou droit, (figure 3.8), en même temps que vous levez le genou veillez bien au rentré de la poitrine et du ventre, à l'enfoncement de la taille, les lombes relâchées, alors la position sur une jambe sera solide. Puis frappez au sol du plat du pied à la place d'origine. Il est possible comme dans le mouvement de la forme d'abattre en même temps le poing droit dans la paume gauche, les orteils agrippent fermement le sol, la plante du pied *(Yongquan)* reste vide, l'énergie est émise comme pour frapper loin dans le sol et avec une certaine violence, mais quand le pied frappe il ne faut pas y transférer complètement le poids, « quand la jambe gauche devient lourde, on doit pouvoir la vider. Quand la jambe droite devient lourde, on doit pouvoir l'alléger » (figure 3.9).

Cette technique de frappe au sol peut également être utilisée en faisant un pas vers l'avant.

Fig. 3.9

E) Frappe du talon vers l'avant *(Qian Deng Jiao)*

Il s'agit de portez une attaque de talon vers l'avant, dans la pratique vous alternez les frappes gauches et droites en avançant. En général l'attaque est portée directement sur l'avant vers le ventre ou la poitrine. La distance de la frappe par rapport au point d'impact sur l'adversaire doit correspondre à la longueur de la jambe diminuée d'environ 25 % pour une attaque élastique, mais pendant l'entraînement on n'a pas à se soucier de la distance de frappe. Le point d'impact principal est au talon, la plante du pied est secondaire. Le corps doit rester

Fig. 3.10

Fig. 3.11

bien droit en évitant de pencher trop vers l'arrière et risquer le déséquilibre. Au moment de la frappe il faut veiller au rentré de la poitrine, au lâcher des côtés sur l'avant, le bas-ventre rentré, après la frappe la poitrine et le ventre sont bien détendus (figures 3.10, 3.11).

F) Coup de talon latéral *(Ce Chuan Jiao)*

Le coup de talon sur le côté peut se donner avec le bord interne du pied (figure 3.12) ou avec le bord externe (figure 3.13). L'attaque bord interne est portée à l'oblique vers le haut, le contact du bord externe est alors secondaire, l'attaque bord externe est portée en remontant vers l'extérieur, le contact interne est secondaire, dans les deux variantes la jambe d'attaque est fléchie à 25 % environ, dans ces attaques il convient de se pencher un peu vers l'arrière pour équilibrer l'action, il convient de conserver la ligne droite au sein du mouvement incliné, ainsi votre base restera solide. Dans un premier temps il convient d'exprimer avec tout le corps l'accumulation puis dans un second temps une ouverture. L'analogie du *Fajing* avec le tir à l'arc s'applique bien sûr aux coups de pieds.

G– Déployé du pied vers le haut *(Shang Paijiao)*

Le coup de pied fouetté vers le haut se prépare d'abord en laissant sur l'arrière la jambe qui va frapper, les jambes sont fléchies, les orteils assurent un bon ancrage au sol, tout le corps est détendu, le *Qi* descend et vous

Fig. 3.12

Fig. 3.13

Fig. 3.14

Fig. 3.15

exprimez une attitude préparatoire à la sortie de force, le regard se porte sur le côté de la jambe qui frappe (figure 3.14). Puis sortez la jambe d'abord rapidement vers le haut, en l'air changez ensuite de direction pour frapper en écartant vers l'arrière comme un éventail qui s'ouvre (figure 3.15).

Quand le pied se déploie vers l'extérieur sur l'avant des épaules, les mains viennent frapper ensemble sur l'extérieur du pied, il ne faut entendre qu'un seul son claquant. Pour enchaîner les frappes des deux côtés il faut avancer en faisant des pas suivis et poser le pied qui va frapper sur la pointe avant de l'armer sur l'arrière, il faut d'abord se familiariser avec cette marche avant de pouvoir marquer les frappes avec puissance en évaluant avec précision la distance d'avec l'adversaire. La hauteur de la frappe est celle du visage car en général c'est la nuque de l'adversaire que l'on vise, les mains elles frapperont son visage, les frappes du pied et des mains doivent être parfaitement synchronisées. Quand le pied frappe le buste tourne sur la gauche, ceci aide le développement du pied sur la droite et accompagne la frappe des mains, l'action doit être clairement menée en un temps de rassemblement appuyé par un *Lu* et un temps de frappe en éventail.

H– Fauchage sur l'arrière *(Hou Guajiao)*

Cette technique est fréquemment utilisée dans les *Tuishou* en déplacement. En position de préparation, vous amenez la jambe qui va faire l'action de crocheter devant l'autre en posant la pointe du pied au sol, fléchissez un peu dans une position ramassée, tournez le buste du côté qui va faucher, les mains se déploient du côté de l'action en tirant sur l'arrière, les paumes vers l'extérieur. (figure 3.16).

Puis la plante du pied se déploie en balayage en arc de cercle vers l'arrière en contact avec le sol, en même temps les mains se dirigent sur l'avant comme pour frapper l'adversaire à la poitrine dans la direction opposée au pied, puis écrasent vers le sol, l'action de la

Fig. 3.16

jambe est de crocheter une jambe de l'adversaire et de le déséquilibrer (figure 3.17).

Le mouvement est produit par la taille et en une fraction de seconde, vous appliquez le *Lu* et le fauchage, si la coordination est médiocre, vous allez vous retrouvez en opposition et la technique ne portera pas. Il convient parfois de faire un pas pour ajuster la distance avec l'autre. Si la projection est bien exécutée, l'adversaire ne saisit pas ce qui lui arrivé.

Fig. 3.17

I) Balayage bas *(Xia Paijiao)*

Fig. 3.18

Il s'agit d'un balayage qui écarte vers l'avant avec les bords interne ou externe, le pied n'a pas besoin de quitter le sol, il suffit de passer le poids sur le talon de la jambe arrière et libérer le poids sur le pied qui crochète. Alternez action vers la gauche et vers la droite avec la même jambe. Le balayage vers l'intérieur et l'extérieur de la jambe avant doit mettre en œuvre une énergie brève et sèche, faute de quoi l'action manquerait de force, cette technique est souvent employée dans les *Lie*, les mouvements de cisaillement du haut et du bas du corps de l'adversaire ; il convient d'attirer le haut du corps (feinter vers le haut) et d'effrayer en bas, le pied, les mains et la taille agissent en parfaite coordination, le pied dans une direction, le corps dans l'autre (figures 3.18, 3.19).

Fig. 3.19

3) Techniques de jambe *(Tui)*

三、腿的训练方法

A) Attaque de jambe en spirale ouverte *(Shun Chan Tui)*

Fig. 3.20

Fig. 3.21

Les pieds écartés de la largeur des épaules, faites un demi-pas du pied gauche sur l'avant gauche et portez-y le poids, abaissez le centre de gravité, puis sortez le pied droit en écartant en arc de cercle de la gauche vers la droite (sens des aiguilles d'une montre, lissé « *Shun Chan* »), le talon du pied qui balaie ne doit pas quitter le sol de plus de 15 cm, tandis que la pointe effleure le sol en tournant sur un rayon inférieur à la largeur des épaules, finir le mouvement en reposant le pied sur la pointe à la largeur des épaules (figures 3.20, 3.21). Après un bref temps d'arrêt, faites un pas vers l'avant et la droite en diagonale d'une quarantaine de centimètres et faites l'action de l'autre côté.

Durant le balayage la jambe doit être détendue, la force est appliquée par l'extérieur du talon tourné en ouverture, la jambe est en rotation externe. Quand vous enchaînez les balayages des deux côtés, veillez à porter le regard vers l'avant de la jambe qui agit, pratiquez comme dans la forme privilégiant l'intention à la force, commençant lentement puis évoluant vers la rapidité.

Fig. 3.22

Fig. 3.23

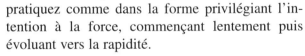

B) Attaque de jambe en spirale fermée *(Nichan Tui)*

Faites un pas du pied gauche sur le côtés et ramenez le pied droit sur la pointe à la largeur des épaules (figure 3.22), puis le pied droit fait, en partant de la droite et allant vers l'avant et la gauche (sens inverse des aiguilles d'une montre), un petit cercle de 360° et se repose sur la pointe à côté du pied d'appui (figure 3.23), puis faites un

Fig. 3.24

Fig. 3.25

pas sur l'avant droite à une quarantaine de cm, transférez le poids et faites cette fois le balayage avec la jambe gauche, la jambe est souple le point d'impact est sur le bord interne du talon.

Les techniques de balayage avec les bords externe et interne du talon sont nombreuses, elles varient suivant la distance à laquelle se trouve l'adversaire ; on peut les pratiquer aussi dans les sauts et les combiner, balayage en écartant du côté gauche et fermant du côté droit, et vice versa, on les complète aussi avec les techniques de piétinement (écraser le dos du pied de l'adversaire ou frapper à la cheville) comme écarter avec la jambe droite et enchaîner en frappant du pied droit sur l'extérieur, ou bien, balayer en refermant du pied droit et frapper sur la gauche. Toutes ces techniques réclament précision et répétition.

C) Attaque de jambe en fermeture *(Lihe Tui)*

À partir d'une position pieds à la largeur des épaules, passez en appui sur la gauche et avancez le pied droit (figure 3.24), en général *Lihe Tui* est placée sur un *Gongbu* ou un *Ban Mabu* (demi-cavalier), cela consiste à utiliser l'intérieur du genou pour frapper en fermant vers l'intérieur, le poids du corps passe de 90 % de l'arrière sur l'avant pendant la technique, c'est à ce moment du transfert qu'il convient d'utiliser la technique (figure 3.25).

Pour une bonne exécution il faut faire une torsion de la taille et du dos et de bien synchroniser l'action du genou avec la pression de la jambe arrière. Cette attaque du genou est très employée dans le *Tuishou* en déplacement avec la jambe droite et du côté gauche avec le *Tuishou* à pas fixe. Il convient de travailler les deux côtés.

D) Attaque de jambe en ouverture *(Waipai Tui)*

Elle se place avec un *Gongbu,* le poids est à 90 % sur l'avant (figure 3.26), elle consiste à frapper en écartant avec l'extérieur du genou, l'action doit être soudaine et il faut éviter d'utiliser trop de force avec les jambes et les bras si la technique est accompagnée des bras, ceci afin que l'adversaire ne puisse anticiper votre action, une belle exécution de la technique sera une projection inscrite de façon très fluide dans un déplacement (figure 3.27). L'attaque externe du genou est employée souvent dans le *Dalu*, comme les autres techniques, vous les perfectionnez en répétition et vous vous entraînez à les placer dans le travail à deux.

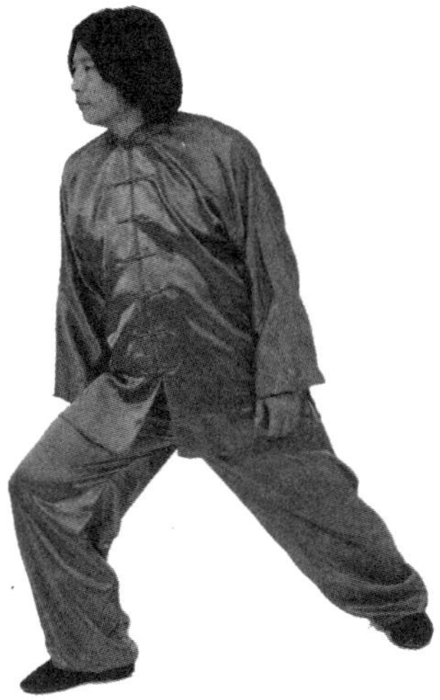

Fig. 3.26

Fig. 3.27

Fig. 3.28

Il faut travailler des deux côtés en combinant avec l'attaque interne du genou.

E) Écrasement avec la jambe, cueillir vers le bas *(Xiacai Tui)*

Cette technique s'exécute avec la jambe avant en *Gongbu*, en ouverture ou en fermeture. Il convient de bien s'installer sur l'arrière puis en passant le poids sur l'avant, votre jambe fait d'abord un demi-cercle de l'intérieur vers l'extérieur, puis un demi-cercle de l'extérieur vers l'intérieur, le talon de la jambe qui agit est relâché, le souffle descend (figure 3.28). L'action est portée dans un premier temps sur l'intérieur du tibia de l'adversaire puis graduellement repasse sur l'extérieur, pour cette technique la flexion de la jambe avant est importante, l'angle du tibia au sol peut être de 45°, mais pas plus pour ne pas risquer le déséquilibre. Travaillez les deux côtés, si vous désirez marquer l'écrasement du tibia en fermeture, la pointe du pied doit être en ouverture, si vous désirez marquer l'écrasement du tibia sur le temps d'écartement, la pointe du pied doit être en fermeture. Il faut jouer entre flexion et extension, progresser en spirale.

Fig. 3.29

F) Coup avec le genou *(Tongxi Tui)*

Il existe 4 principales attaques de genou, vers la gauche où la droite, l'attaque directe et l'attaque en fermant ou en ouvrant. Elles se font toutes sur le transfert du poids vers l'avant en élevant le genou de la jambe arrière pour frapper directement au bas-ventre par exemple (figure 3.29). Lors de la frappe il convient de ménager le rentré de la poitrine et du ventre, pour inscrire l'attaque de genou dans un mouvement

Fig. 3.30

Fig. 3.31

Fig. 3.32

compact sur l'avant, hanche et talon doivent rester détendus, de cette façon l'attaque portera. Pour développer la précision du coup de genou vous pouvez frapper celui-ci dans vos mains placées l'une sur l'autre (figure 3.30).

Le coup de genou en fermeture se place au moment du transfert du poids par une frappe en oblique sur la gauche pour frapper ou intercepter l'intérieur de la jambe droite ou l'extérieur de la gauche de l'adversaire (3.31). Il est aussi possible de frapper du genou vers l'extérieur (figure 3.32).

G) Coup de pied vers l'arrière *(Houpai Tui)*

Il s'agit d'une attaque en ruade arrière, l'amplitude du mouvement est importante, une jambe se balance à l'oblique de l'avant vers l'arrière, ou bien à partir d'un placement du pied proche du sol, vous attaquez sur l'arrière. Pour préparer le mouvement, placez le pied droit sur l'avant, en appui sur la pointe, puis en même temps que vous vous penchez vers le bas vous élevez la jambe droite sur l'arrière (figure 3.33). Il faut aider l'action par l'intention en imaginant un adversaire en face que vous tirez avec les bras en même temps que la taille et le dos s'abaisse, ceci aura pour effet de projeter l'adversaire pas les actions combinées de la jambe et du *Lu*, même dans un mouvement délicat il convient de mettre en œuvre l'énergie globale du corps.

Fig. 3.33

4) Techniques de poing *(Quan)*

四、拳的训练方法

A) Uppercut, poing crocheté vers le haut *(Shang ZhongQuan)*

Il s'agit de porter une attaque vers le haut en ménageant une certaine courbe dans la montée du poing. Par exemple avancez la jambe gauche et passez le poids dessus en fléchissant sur la jambe, puis le poing droit suit l'avancée de la jambe droite pour se diriger vers le haut en dessinant un arc de cercle pour finalement frapper en uppercut « crochet paume vers soi » (figure 3.34). Il convient de ne pas dépasser la tête, la jambe droite peut suivre le mouvement en portant un coup de genou, mais il faut veiller à ce que les deux frappes arrivent en même temps. Quand vous frappez vers le haut, veillez au rentré de la poitrine et du ventre, au tassé de la taille, et à la légère remontée du périnée, la jambe d'appui est bien fléchie, les orteils agrippent fermement le sol. Une pratique des deux côtés aura des effets pour stabiliser votre centre en position sur une jambe (figure 3.35).

Fig. 3.34

Fig. 3.35

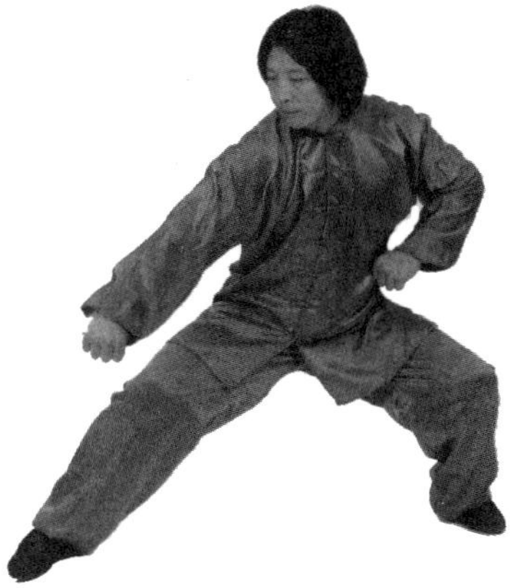

Fig. 3.36

B) Frappe en marteau vers le bas *(Xia Zai Quan)*

Il s'agit d'une frappe avec le plat du poing directement vers le bas ou à l'oblique. Si par exemple vous avez le pied droit en avant, passez le poids sur la gauche et frappez avec le poing. Pour fermer le poing, le pouce vient contre la deuxième phalange des quatre doigts, pas trop serré ni trop lâche. Il convient d'équilibrer la frappe du poing par une action de retrait du bras gauche dans un coup d'épaule ou un coup de coude vers l'arrière. La frappe doit concerner le corps entier qui se prépare avec une fermeture interne. (figure 3.36).

Fig. 3.37

Fig. 3.38

C) Séparer les poings, frappe latérale *(Shuang Fen Quan)*

Les poings pénétrant sur l'avant, faites un demi-pas sur le côté (droite ou gauche) pendant que vous remontez les poings sur les côtés pour les amener croisés devant la poitrine, les paumes dirigées vers le sol (figure 3.37). Puis complétez le demi-pas par l'avancée complète de la jambe et en même temps que vous transférez le poids sur l'avant, vous frappez avec les poings en séparant les bras sur les côtés, les poings frappent paumes vers le haut, l'impact est au niveau de l'extérieur du poing.

Quand les poings se rassemblent devant la poitrine il convient de s'ancrer au sol, de maintenir l'entrejambe et les genoux en fermeture, la poitrine est rentrée, les épaules enroulées sur l'intérieur, par contre au moment de la sortie de force, l'entrejambe, les genoux, la poitrine et les épaules s'ouvrent, le transfert du poids bien coordonné avec l'expansion de la poitrine projette les poings sur les côtés, ainsi le dedans et le dehors opèrent de concert (figure 3.38).

Fig. 3.39

Fig. 3.40

Fig. 3.41

Fig. 3.42

D) Frappe du dos du poing vers le bas *(Xia Za Quan)*

Que vous portiez l'attaque avec un poing ou avec les deux, les points importants sont semblables à la technique précédente, c'est la direction de la frappe et l'impact qui changent. Faites par exemple un demi-pas du pied droit sur le côté en posant la pointe du pied vers l'extérieur, le bras droit est fléchi devant la poitrine (figure 3.39), puis suivant le transfert du poids et la rotation du buste, le poing droit s'abaisse pour frapper avec le dos du poing, tandis que le poing gauche remonte en *Lié* (figure 3.40), tout le corps doit accompagner la frappe en secousse des poings. Pour enchaîner avancez le pied gauche devant le droit, en remontant le poing droit et abaissant le gauche pour reprendre la position de préparation (figure 3.41), ressortez le pied droit et refaites la frappe, en alternant les deux côtés.

Pour faire une double frappe vers le bas, amenez les poings croisés devant la poitrine, placez la jambe et en transférant le poids du corps séparez les poings, le gauche venant de la droite s'abat sur le côté gauche, le droit venant de la gauche, s'abat sur la droite, les poings s'élèvent et s'abaissent en même temps, le regard se porte vers la direction où vous portez le poids.

E) Direct sur l'avant *(Danbei Zhi Chong Quan)*

Le coup de poing de base du *Taiji quan* est différent de celui des styles externes, son efficacité repose sur la détente profonde du corps, l'utilisation de l'intention, la rotation de la taille et la torsion du dos, l'énergie est émise en spirale et s'exprime par une violente secousse. Pour le préparer vous pouvez avancer la jambe gauche, placez la main gauche sur l'avant en tranchant, les doigts vers le haut, le poing droit est placé en préparation au côté droit (figure 3.42). Puis le pied droit fait pression au sol, opérez une torsion de la taille et du dos, l'énergie remonte et atteint le plat du poing à l'explosion, la sortie du poing est accompagnée par une frappe du coude gauche vers l'arrière pour équilibrer la frappe, la respiration génère un son au moment du *Fajing*, exercez vous des deux côtés (figure 3.43).

Fig. 3.43

Fig. 3.44

Fig. 3.45

F) Direct enveloppé par la paume *(Baokong Quan)*

Le bras qui frappe est fléchi pour maintenir une courbe, l'autre bras reste devant aussi en arc de cercle et la paume reçoit l'attaque du poing. Pour le préparer faites d'abord un pas du pied droit en plaçant le poing droit au côté, puis faites un pas du gauche, la main gauche est sur l'avant (figure 3.44). Puis transférez le poids sur l'avant pendant que la main gauche se rapproche et que le poing gauche frappe à la rencontre de la paume gauche (figure 3.45). Les points clés sont identiques à la frappe précédente, seule la forme change, le bras ne s'allonge pas complètement, l'énergie est émise sur une distance plus courte, le souffle interne presse l'énergie, de l'extérieur le mouvement est compact et délicat, à l'intérieur il doit être très puissant.

G) Direct au point d'acupuncture, frappe en clou *(Ding Zi Dian Xue Quan)*

C'est une frappe avec la deuxième articulation du majeur qui ressort du poing comme l'œil du phœnix dans les styles externes, le pouce est collé contre cette articulation. La frappe est concentrée dans un point et donc plus destructrice surtout si elle porte sur un point d'acupuncture, l'énergie doit être brève, le déplacement court et vif, il faut enchaîner les frappes des deux côtés (figure 3.46).

Fig. 3.46

H) Double frappe en forme de clou aux tempes *(Shuang Ding Guan Yang Quan)*

Il s'agit de frapper les tempes avec les deuxièmes articulations du majeur ou de l'index selon la forme de poing adoptée. Il convient de faire un pas sur l'avant et de transférer le poids en portant la double attaque de part et d'autre des côtés de la jambe, les poings sont séparés d'environ 25 cm. Ce type d'énergie est bref et coordonné avec le rentré de la poitrine,

Fig. 3.47

les épaules sont enroulées sur l'avant, les côtés détendus vers le bas et l'avant , le *Qi* descend au *Dantian* (figure 3.47).

Une variante consiste à porter l'attaque en étant sur une jambe et en combinant avec une frappe de genou, les trois impacts doivent arriver dans un seul temps, il convient de s'exercer des deux côtés (figure 3.48).

Fig. 3.48

5) Techniques de paume *(Zhang)*

五、掌的训练方法

A) Double paume tonnerre *(Shuang Zhen Zhang)*

La double frappe de paume peut se faire avec les modes long et court de l'énergie, il faut débuter par le mode long. Peu importe la jambe qui est en avant, vous vous tenez en appui sur la jambe arrière, les paumes vers l'avant, les doigts vers le haut (figure 3.49), puis à partir de la pression du pied arrière vous transférez le poids sur l'avant et poussez sur l'avant avec les paumes. La poitrine est à l'aise, les côtés en convergence vers le bas et l'avant, le souffle descend de manière synchrone avec la poussée (figure 3.50).

Fig. 3.49

Fig. 3.50

Fig. 3.51

Fig. 3.52

Fig. 3.53

Il faut veiller à maintenir le corps droit, la poitrine effacée, le dos bien élargi.

Pour pratiquer sur un mode plus court la forme est la même, vous exprimez l'attitude du tigre qui va fondre sur sa proie, au moment où vous explosez sur l'avant, le *Qi* descend subitement dans le ventre, les épaules et les coudes s'enfoncent, les mains sont cassées aux poignets, l'énergie est émise à la base des paumes, les bras conservent une forme arrondie, il faut accompagner la poussée par un petit pas rapide et explosif vers l'avant (figure 3.51).

B) Frappe d'une paume *(Dan Zhang)*

Fig. 3.54

Il s'agit d'une frappe de la paume avec celle du côté avancé (homo latéral, *Xunbu*), ou avec la paume de l'autre côté cette fois frappant légèrement sur l'extérieur (contre latéral, *Aobu*).

La frappe peut là aussi se faire selon les modes de l'énergie longue et de l'énergie courte. Cette technique diffère de celle à deux mains qui dirige la force vers l'avant en appuyant sur la jambe, celle à une main nécessite une torsion de la taille et du dos pour frapper dans l'axe de la jambe ou à l'oblique. La force, la vitesse et le mode employée varient selon les capacités de chacun, il faut s'exercer à la vitesse et à la puissance de manière progressive et naturelle. (figures 3.52, 3.53, 3.54).

Fig. 3.55

Fig. 3.56

C) Frappe après une parade du bras en Peng *(Bei Peng Qian, Tui Zhang)*

Il s'agit avec un bras de soulever en *Peng* une attaque de poing ou de paume et de l'autre porter une frappe de paume au niveau de la poitrine par dessous, ou bien en contact rapproché à frapper au ventre.

Il faut préparer en avançant une jambe tandis que le bras du même coté soulève en *Peng*, la main qui va frapper s'arme sur le côté (figure 3.55). il est important de produire l'étirement entre le haut et le bas du corps à partir de la taille, ceci afin de maintenir la stabilité du centre, l'impact de la frappe est alors précis et puissant. (figure 3.56).

Fig. 3.57

D) Soulever de la paume *(Danshou Tuo Zhang)*

Cela consiste à frapper vers le haut avec le bord interne de la base de la paume, l'action est d'abord dirigée en oblique vers l'extérieur puis se termine dans l'axe vertical. Dans le cas d'une attaque à droite, sur la base de la détente de la hanche, d'un ventre rentré et d'une poitrine effacée, vous portez une attaque de genou pour accompagner la montée de la main droite, l'action vers le haut est équilibrée par un appui bas de la paume gauche (figure 3.57).

Pour l'équilibre de la technique les parties droites de la taille et du ventre sont étirées et en expansion avec un étirement au niveau de la taille, le côté gauche lui est ramassé, stable au sol.

E) Frappe de paume enchaînée gauche – droite *(Zuoyou Lian Huan Shuang Ji Zhang)*

Une main contrôle et dévie, l'autre main frappe. Commencez par avancer le pied droit et la main droite vers l'avant et le haut, la main droite comme avec l'intention de contrôler une attaque, puis de l'attirer vers l'arrière droite, le corps accompagne le mouvement par une torsion du même côté (figure 3.58). De façon simultanée avancez le pied gauche, la main gauche d'abord en pronation puis en supination vient se placer en pression sur l'avant

Fig. 3.58

Fig. 3.59

Fig. 3.60

(figure 3.59). puis la main gauche enchaîne comme si elle allait se placer dans le dos de l'adversaire, puis en ramenant vers l'avant, elle vient à la rencontre de la paume droite qui vient comme frapper l'adversaire sur la poitrine (figure 3.60).

Au moment du rassemblement des deux paumes il convient d'abaisser le *Qi*, de rentrer la poitrine, de resserrer les flancs vers l'avant, de lâcher les épaules, l'énergie est alors bien rassemblée au *Dantian*, l'amplitude du pas et du transfert doit permettre le bon placement de l'attaque.

F) Soulever la paume avec la taille *(Shunni Tuoyao Zhang)*

Fig. 3.61

Par exemple si vous êtes saisi au bras droit en torsion vers l'extérieur (*Shun*, l'adversaire vous tord en supination), alors vous répondez en avançant la jambe droite vers lui, abaissez nettement le côté droit du corps et suivez l'action de l'adversaire pour peu à peu détordre votre bras en passant en pronation (*Ni*) en l'étirant vers l'adversaire, en même temps que la main droite s'étire, la gauche vient en pression au contact du côté droit de l'adversaire en le saisissant entre le pouce et les doigts (figure 3.61).

Après cette prise de contact vous suivez subitement en avançant de nouveau le pied droit, continuez l'étirement vers l'adversaire de votre bras droit et accentuez la poussée de la main gauche et soulevez l'adversaire pour le projeter et vous libérer de la saisie, pour que l'action soit efficace il

Fig. 3.62

faut bien coordonner le pas vers l'avant et l'action des deux mains (figure 3.62).

Si cette fois l'adversaire saisit votre main gauche en pronation, vous avancez la jambe droite et suivez la torsion imposée par l'adversaire en allongeant le bras gauche vers lui, le passant progressivement en supination, en même temps vous placez la main droite au contact du côté gauche de l'adversaire, puis refaites un pas et projetez l'adversaire comme précédemment.

Quand vous pratiquez seul il convient de visualiser un adversaire, et réagir en conséquence (figure 3.63). Dans *La Théorie de la Boxe*, on peut lire : « La force part des talons, passe par les jambes et, dirigée par la taille, atteint les quatre extrémités des membres. » On voit que chaque posture et chaque sortie de force passent toujours par la taille et les jambes, elles sont transmises ensuite jusqu'aux extrémités. Il faut comprendre leurs mécanismes, savoir les appliquer. Le mariage entre théorie et pratique permet d'obtenir un bon résultat. De cette manière la sortie de force est entière, imparable.

Fig. 3.63

G) Enroulement *Shunni* et clé avec la paume *(Danzhang Shunni Chanfa)*

Il s'agit de la prise combinée en supination – pronation d'un bras de l'adversaire. Par exemple vous saisissez un bras de l'adversaire en l'amenant en rotation vers le bas, en même temps vous avancez le pied droit et étirez le bras droit sur l'avant pour amener l'avant-bras de l'adversaire à se poser sur le vôtre, l'action de votre main droite change en supination (*Shun*) et la main gauche passe en pronation (*Ni*), les énergies des deux mains se combinent pour marquer la clé (figure 3.64). Pendant la saisie le poids passe de la gauche sur la droite, la poitrine est lâchée, le bras droit en fermeture pour se connecter à la saisie de la main gauche.

Fig. 3.64

Veillez à maintenir le corps relaxé, pour que le point d'application de la clé soit net. Si l'adversaire est très *Fangsong* et esquive la prise,

Fig. 3.65

vous devez inverser le sens de la saisie en passant en pronation à droite et en supination à gauche (figure 3.65). Dans la pratique en solo il convient d'alterner les prises de la sorte afin d'éviter de prendre l'habitude de saisie trop bloquée, manquant de capacité d'adaptation aux réactions de l'autre.

H) Double emmené des paumes *(Shuang Dai Zhang)*

Fig. 3.66

Faites un pas de la jambe droite et placez-y le poids, en même temps la main gauche s'élève et vient écarter en contact sur la gauche, le pouce et les doigts ouverts comme pour saisir un poignet, la paume est vers l'extérieur. le bras droit est allongé sur l'avant, les doigts dirigés vers l'avant, puis placez le poids sur l'arrière et tournez le buste sur la droite vers l'avant (figure 3.66). En même temps la main gauche forme un poing relaxé et est ramenée en pression sur l'avant de la poitrine, le bras droit se fléchit de 90° et remonte sur le côté et la droite du corps (figure 3.67). Alternez l'exercice des deux côtés, il convient de bien synchroniser le transfert du poids sur l'arrière, la rotation du buste et l'action combinée des bras. On comprendra la subtilité de cet exercice en progressant dans la pratique.

I) Percée de la paume sur l'avant *(Qian Chuan Zhang)*

Fig. 3.67

Faites un pas du pied gauche sur l'avant, la main gauche suit le mouvement vers l'avant, la paume est vers l'extérieur, les doigts vers le haut, en même temps la main droite se place en préparation au côté droit, paume vers le haut, doigts vers l'avant (figure 3.68). Enchaînez en passant le poids sur l'avant, la main droite pique vers l'avant paume vers le haut, l'impact se fait au niveau des trois doigts médians, le pouce et le petit doigt contiennent l'énergie, simultanément la paume gauche

Fig. 3.68

Fig. 3.69

descend en appui face au sol (figure 3.69). Cet exercice permet de renforcer la netteté de l'impact de l'index, du majeur et de l'annulaire.

Puis la main droite poursuit en écartant sur la droite en emmenant le pied droit sur l'avant, puis le pied gauche refait alors un pas vers l'avant et la main gauche remonte de l'arrière vers l'avant pour reprendre la position de préparation, vous pouvez ainsi répéter l'exercice du même côté. La qualité de la sortie spirale explosive de la paume dépend d'une bonne préparation de l'énergie aux niveaux de la taille et du dos.

6) Techniques de coude *(Zhou)*

六、肘的训练方法

Fig. 3.70

A) Coup de coude direct *(Li Zhou)*

Il s'agit en fait d'une frappe de l'avant-bras, le bras est plié à 90°, la paume du poing est vers soi, le poignet est fléchi vers l'intérieur d'environ 4°.

Faites un pas du pied gauche, placez le bras droit fléchi en préparation au côté droit, la paume du poing est dirigée vers l'arrière, le bras gauche fléchi est en place devant le côté gauche, paume vers soi (figure 3.70). Puis en transférant la poids sur l'avant frappez sur l'avant avec le côté de l'avant bras droit, le bras gauche équilibre la frappe par un coup de coude vers l'arrière. Avec de la pratique vous pourrez frapper sur un courte distance en utilisant le mode court des *Fajing* (figure 3.71).

Fig. 3.71

B) Coup de coude planté vers l'avant *(Qian Zai Zhou)*

Il s'agit de porter une frappe du coude en descendant ; commencez par libérer le poids sur la jambe droite, passez le poids sur la gauche, en même temps tournez le buste sur la droite et élevez le bras droit fléchi à 90° et placez-le en préparation au côté droit, la paume du poing est dirigée vers l'arrière, poignet légèrement fléchi, en même temps vous amenez la paume gauche sur la droite pour la placer sur le dos du poing droit (figure 3.72), puis levez le pied droit et faites un pas vers l'avant, en même temps le coude droit fait un cercle vers l'arrière, le haut puis redescend sur l'avant et le bas pour écraser, la force est appliquée au niveau de l'avant près du genou (figure 3.73). Il est aussi possible de s'entraîner en doublant l'attaque de coude, il convient de faire un pas suivi vers l'avant avec le pied gauche, puis ressortir le pied droit en frappant au sol avec les deux pieds, pendant ce temps vous réarmez le coude droit, tandis que le bras gauche s'allonge sur l'avant, enfin vous reportez la même frappe de coude vers le bas, cette fois la main gauche remonte et vient frapper sur l'avant-bras droit.

Fig. 3.72

Fig. 3.73

On peut faire une variante : la main gauche peut venir frapper contre l'avant-bras droit pour renforcer le coup de coude. Répétez ainsi et travaillez les deux côtés.

C) Coup de coude en barrage à contre-hanche *(Yaolan Zhou)*

Il s'agit d'une frappe horizontale avec l'avant-bras fléchi vers la poitrine. Pour une frappe du coude droit, faites d'abord un pas du pied droit, tournez un peu le corps vers la gauche

Fig. 3.74

Fig. 3.75

Fig. 3.76

puis nettement à droite en ouvrant le pied droit, en même temps levez la main droite en *Peng* (figure 3.74). Continuez en abaissant le bras droit pour placer le poing en préparation sur le côté droit paume vers l'intérieur, en même temps avancez le pied gauche et présentez la main gauche sur l'avant (figure 3.75), à ce moment abaissez le centre de gravité, l'énergie de tout le corps se rassemble, pressez le sol avec le pied droit, et transférez le poids sur l'avant avec une rotation du buste sur la gauche, frappez avec l'avant-bras à l'horizontal, simultanément ramenez la paume gauche en frappe contre l'avant-bras et le coude (figure 3.76).

Pour renforcer l'efficacité vous devez ajouter une intention de frappe en remontant, ceci permettra de projeter l'adversaire.

D) Coup de coude en barrage homo-latéral *(Shunlan Zhou)*

Fig. 3.77

Il s'agit de porter une attaque vers l'extérieur avec le bord externe du bras, le bras en pronation est fléchi à l'horizontale vers l'avant. Faites un pas du pied gauche sur la gauche, puis du pied droit pour le placer sur la pointe à une cinquantaine de cm du bord interne du pied gauche, fléchissez sur les jambes, rassemblez l'énergie (figure 3.77), pendant que le pied droit se rapproche du gauche, le bras droit remonte et se plie, la main gauche accompagne le petit cercle remontant et se place à l'extérieur du bras droit, puis tournez un peu le buste à droite puis nettement à gauche, le poing droit est amené contre l'aisselle gauche, paume vers le sol. Faites alors un pas du pied droit sur la droite, en même temps tournez le buste à droite, la main gauche appuie la frappe du bras droit sur l'extérieur et l'avant.

Fig. 3.78

Il convient d'expérimenter la sortie de force sur le mode long et lent, puis court et explosif, vous pouvez enchaîner le coup de coude en répétition en réarmant par une rotation à gauche (figure 3.78).

E) Coup de coude au cœur *(Chuanxin Zhou)*

Il s'agit d'une attaque de la pointe du coude vers l'extérieur. La forme et les déplacements sont similaires à *Shunlan zhou* sauf deux points : d'une part ici l'attaque est directement sur l'avant alors que dans le coup de coude précédent l'action était en partie dirigée sur l'arrière et le côté, d'autre part la main gauche est au niveau du poignet droit pour aider le coude dans sa poussée, plutôt que sur l'avant-bras dans le cas du coude *Shunlan*, la cible est cette fois la poitrine de l'adversaire (figures 3.79 – 3.80).

Fig. 3.79

Fig. 3.80

F) Coup de coude remontant *(Shangtiao Zhou)*

Il s'agit d'une attaque du coude vers l'avant et le haut dans une action très brève.

Débutez en position naturelle, les bras détendus, faites un petit pas sauté sur la gauche avec le pied gauche puis suivez en rapprochant le droit à environ 50 cm du gauche sur la pointe. En même temps que vous faites les petits sauts, la main gauche s'élève sur la gauche, doigts vers le ciel, paume vers la droite, la main droite vient rapidement sur la gauche de la poitrine et suivant la rotation du buste sur la droite redescend en arc de cercle vers l'extérieur au niveau du genou droit, paume vers le sol. Portez le regard sur la droite et concentrez votre énergie (figure 3.81).

Faites alors un pas du pied droit vers la droite en posant bien le talon en premier et transférez le poids dessus, simultanément formez les poings, le gauche descend, le droit remonte se placer en supination, paume vers l'intérieur devant l'épaule droite, le poignet légèrement plié, puis l'avant-bras remonte pour une frappe de coude paume maintenant vers le sol, le poing gauche descend au côté gauche, paume collée au côté (figures 3.82 – 3.83).

Fig. 3.81

Fig. 3.82

Fig. 3.83

Quand vous portez le coup de coude, le regard doit être dans la direction de la frappe, vous devez générer un étirement entre le haut et le bas du côté qui frappe, si vous ne faites pas cette séparation de l'énergie au niveau de la taille, l'action risque d'amener toute votre énergie à remonter et vous perdrez en stabilité. Le côté gauche doit lui être en concentration de l'énergie pour aider le côté droit, assurant ainsi une répartition équilibrée du vide et du plein propre au maintien de la stabilité. Pour travailler en répétition vous pouvez refaire un pas du gauche sur la gauche, rapprochez le pied droit sur la pointe et reporter le même coup de coude en faisant un nouveau pas du pied droit.

Exercez-vous des deux côtés, toujours en abordant la pratique lentement et avec l'énergie longue, puis celle-ci une fois maîtrisée, vous exploserez avec l'énergie fouettée d'une secousse très puissante appelée force « *Cunjing* » : *le « Cun » est une unité de mesure ancienne chinoise qui vaut 3,33 cm. « Jing » signifie force interne. Cunjing représente une force extrêmement courte, percutante, invisible de l'extérieur. Elle est le fruit du travail interne, caractéristique dans les disciplines des arts martiaux internes (le Taiji quan, le Bagua zhuang et le Xingyi quan). Les frappes courtes, appliquées avec souplesse et justesse sur un adversaire, provoquent souvent des contusions aux organes internes, des blocages énergétiques.*

Fig. 3.84

G) Double coup de coude sur les côtés *(Shuang Kai Zhou)*

Les bras fléchis contre la poitrine vont frapper des pointes de coude horizontalement sur les côtés pendant un déplacement latéral. Faites un pas sur le côté en rapprochant les bras fléchis contre la poitrine (figure 3.84), si vous vous déplacez vers la gauche, placez le

Fig. 3.85

bras gauche à l'intérieur, le droit croisé à l'extérieur. Quand vous transférez le poids du corps les deux coudes se séparent et frappent sur les côtés, le regard est sur le côté du déplacement (figure 3.85), le coude qui vient de l'intérieur porte l'attaque principale, l'autre vient en appui. On alterne gauche – droite.

H) Double coup de coude rapproché *(Shuang He Zhou)*

Fig. 3.86

Fig. 3.87

Aussi nommé *Shuang kou zhou*, double frappe en fermeture, il s'agit d'une frappe des deux coudes qui viennent des côtés pour se rapprocher de la ligne médiane.

Faites un pas en avant, élevez les bras fléchis en plaçant les poings contre les côtés du corps, paumes vers soi, puis en transférant le poids sur l'avant, amenez les coudes sur l'avant en fermeture, les avant-bras sont bien fléchis et en rotation vers l'intérieur. quand vous portez la double attaque les poings se rapprochent de la poitrine de chaque côté de la ligne médiane, les poignets sont fléchis, le regard se porte sur l'avant, la poitrine bien effacée, les épaules enroulées sur l'avant (figures 3.86 – 3.87).

I) Coude bloquant et crocheté *(Gua Zhou)*

Il s'agit d'une frappe du coude en retournant sur l'arrière à partir d'une position de blocage.

Avancer le pied gauche vers l'avant, la main gauche suit la marche en venant sur l'avant paume vers l'extérieur (figure 3.88), le poids du corps passe sur la gauche, avancer alors le pied droit devant le gauche, pendant que vous y porter le poids la main gauche forme un poing souple et descend se placer à l'extérieur de la jambe gauche, le poing droit remonte, l'avant-bras en position verticale au-dessus du genou droit, paume vers l'arrière (figure

Fig. 3.88

Fig. 3.89

Fig. 3.90

3.89), puis le pied avant fait pression au sol, le poids repasse alors sur l'arrière, le buste tourne vers la droite et le coude redescend en crochet pour frapper sur l'arrière pendant que la main gauche ressort sur l'avant pour équilibrer le mouvement. (figure 3.90).

Pour enchaîner vous réavancez le pied gauche en étirant le bras gauche sur l'avant, puis le pied droit et l'avant-bras droit et enfin répétez la frappe de coude à l'arrière, travaillez bien les deux côtés.

J) Coup de coude pour « déchirer » vers le bas *(Lié Zhou)*

Fig. 3.91

« Lié » – déchirer est l'une des huit grands types d'énergie du *Taiji quan*, elle consiste à rechercher une contre-attaque directe pour détruire l'action de l'autre.

Lié porté avec le coude est une frappe de coude horizontale qui vient intercepter la ligne d'attaque de l'adversaire.

Faites un pas du pied droit vers l'avant en y portant le poids, placez la main droite au-dessus du genou droit, passez le poids sur la gauche en fermant le poing droit pour l'armer, en même temps portez la main gauche sur l'avant pour marque une saisie, puis replacez soudainement le poids sur l'avant, le bord interne de l'avant-bras droit s'abat sur l'avant tandis que le poing droit se retire au côté gauche, l'énergie doit être très courte (*Cunjing*) (figure 3.91).

Les cercles de préparation des bras doivent arriver en place au même moment, l'énergie du mouvement provient de la taille et du dos, pour enchaîner rapprocher le pied gauche du droit, puis réavancez ce dernier en préparant une nouvelle frappe.

Fig. 3.92

K) Coup de coude pour « cueillir » vers le bas *(Cai Zhou)*

Il s'agit en s'aidant d'une main de placer un « *Cai* » – cueillir vers le bas avec le coude.

Sur le recul du pied gauche, élevez la main gauche vers le haut et la droite, la main en forme pour opérer une saisie, puis transférez le poids sur la jambe gauche, la main gauche se forme en poing à partir du petit doigt et tire vers la poitrine puis descend au côté gauche paume vers le haut. Pendant ce temps la main droite sur le côté droit prend une forme de crochet (le pouce et l'index sont écartés, les trois autres doigts sont pliés), continuez de transférer le poids sur la gauche et appliquez avec le bord extérieur de l'avant-bras droit une pression en *Cai* vers le bas. Le mouvement se fait avec torsion de la taille, du dos et rotation de l'entrejambe, il faut veiller à la mise en œuvre de l'énergie du tout le corps pour soutenir l'action du bras (figure 3.92).

Fig. 3.93

L) Percée à l'oblique avec le coude *(Xie Chuan Zhou)*

C'est une méthode de grande amplitude qui permet de se sortir d'une situation dangereuse et de contre-attaquer par une attaque de coude vers le haut et l'arrière.

En appui sur la jambe gauche en avant, fléchissez bien dessus, les orteils fermement ancrés au sol, allongez la jambe droite sur l'arrière pendant que le poing droit entraîné en pronation par le pouce se place près des côtes et que le coude droit descend naturellement (figure 3.93), puis sur un temps de détente de la hanche droite, inclinez vous rapidement vers le sol et passez le poids sur la droite, en même temps le coude droit remonte et vient frapper sur l'arrière en oblique vers le haut (figure 3.94).

Fig. 3.94

Il convient de porter la frappe de coude en ayant au préalable bien préparé l'énergie de tout le corps, le brusque abaissement du corps correspond à un temps de projection, il doit être exécuté selon un timing précis, intervenant trop tôt ou trop tard l'action ne serait pas efficace. Il s'agit ici d'une technique de dégagement de grande amplitude qui verra son application dans les échanges à deux.

Fig. 3.95

7) Techniques d'épaule *(Kao)*

七、靠的训练方法

A) Coup d'épaule planté sur l'avant *(Qian Zai Kao)*

Le bras fléchi s'abaisse à l'intérieur de la jambe avant et vous portez un coup de l'extérieur de l'épaule en écrasant vers le bas.

Fig. 3.96

Amenez le bras droit fléchi à l'intérieur de la jambe droite, la main gauche tient l'avant-bras droit, quand le poids est passé sur l'avant vous portez la frappe de l'extérieur de l'épaule vers le bas en vous inclinant fortement, le transfert total du poids et l'impact de l'épaule doivent être synchrones (figures 3.95, 3.96).

Pour répéter la technique, vous rapprochez dans un premier temps le pied droit à côté du gauche et refaites un pas droit pour portez l'attaque.

L'inclinaison du corps vers le bas est grande dans cette technique aussi il faut veiller au maintien de l'équilibre, de même il est nécessaire de bien évaluer la distance à l'adversaire.

Fig. 3.97

B) Coup d'épaule latéral *(Cejian Kao)*

Il s'agit de porter un coup au niveau des côtes de l'adversaire. Pour une frappe avec le pied droit devant, rapprochez le pied gauche du droit qui passe sur la pointe du pied, la main droite remonte de l'intérieur vers l'extérieur en action de *Peng* vers le haut, la main gauche suit l'action du bras droit et venant de la gauche vient se placer à l'intérieur de l'épaule droite (figure 3.97), puis faites un grand pas du pied droit sur l'avant et porter l'épaule droite directement sur

Fig. 3.98

l'avant pour frapper avec le côté intérieur un adversaire au niveau du côté (figure 3.98).

Il faut la synchronisation des trois temps de l'action, la prise de contact en *Peng* du bras droit, le contrôle de la prise pour écarter le bras, et la percussion de l'épaule, cela doit se faire dans l'intervalle d'une seconde, autrement vous allez certainement vous retrouver en situation d'opposition des forces, avec le temps vous vérifierez l'adage : « Agissez rapidement mais sans dispersion, avec densité mais sans s'immobiliser, avec légèreté mais sans surnager, surnageant mais sans flotter au vent ».

C) Coup d'épaule en ouvrant la garde adverse *(Yingmen Kao)*

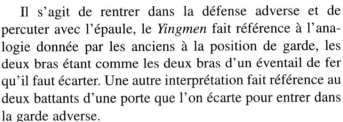

Fig. 3.99

Il s'agit de rentrer dans la défense adverse et de percuter avec l'épaule, le *Yingmen* fait référence à l'analogie donnée par les anciens à la position de garde, les deux bras étant comme les deux bras d'un éventail de fer qu'il faut écarter. Une autre interprétation fait référence au deux battants d'une porte que l'on écarte pour entrer dans la garde adverse.

Faites un grand pas du pied droit sur l'avant et remontez les bras pour les croiser devant la poitrine, le gauche à l'intérieur, le droit à l'extérieur, les doigts en oblique vers le haut, les paumes vers les côtés, dans la continuité séparez les bras sur les côtés comme pour écarter les bras de l'adversaire et dégageant ainsi sa poitrine (figure 3.99), puis vos bras descendent sur l'arrière et les côtés pendant que l'épaule droite se porte sur l'avant pour percuter l'adversaire (figure 3.100).

Fig. 3.100

Il existe deux variantes de cette attaque : la première consiste à frapper vers le bas avec la pointe de l'épaule ce qui se révèle dangereux, la seconde consiste à frapper horizontalement avec une surface plus large pour diminuer la violence de l'action, qui doit cependant être très explosive et concerner le corps dans son ensemble.

Pour répéter la technique, rapprochez le pied gauche du droit et refaites un grand pas du pied droit en enchaînant fermeture, séparation et frappe.

Fig. 3.101

Fig. 3.102

Fig. 3.103

D) Percussion avec la poitrine *(Xiong Kao)*

Il s'agit sur la base de l'empilement des énergies de la poitrine et de la taille de venir percuter l'adversaire par un coup de poitrine. Avec le pied droit en avant, écartez les bras sur les côtés et faites un mouvement comme pour enlacer un gros ballon, placez le poids sur l'avant (figure 3.101), puis replacez rapidement le poids sur la jambe gauche pendant que les bras ramènent vers soi, la poitrine est bien effacée, puis en un éclair le poids repasse sur l'avant pendant que la poitrine se porte en frappe sur l'avant (figure 3.102).

Ensuite, on avance indifféremment le pied gauche ou droit. Pendant le transfert du centre de gravité vers l'avant, le corps se prépare en accumulant, puis on donne le coup des deux épaules. On observe les mêmes remarques citées plus haut, c'est-à-dire on accumule avant de lancer la frappe. C'est une force courte. Il faut s'entraîner assidûment pour saisir la subtilité de cette technique.

Cette technique doit être très nette faute de quoi elle serait inefficace. Pour répéter la technique avancez le pied gauche puis réavancez le pied droit.

E) Double frappe avec le dos *(Shuang Bei Kao)*

Il s'agit d'une frappe très brève vers l'arrière, le coup est porté avec le dos, une solide base est nécessaire pour appliquer cette technique.

La jambe droite sur l'avant, opérez un enroulement des épaules vers l'avant, les avant-bras passent sous l'action des pouces en pronation vers l'arrière, toute l'énergie du corps se rassemble (figure 3.103), puis subitement à l'expiration portez la poitrine vers l'avant comme pour heurter un adversaire et frappez vers l'arrière avec l'arrière des épaules dans

Fig. 3.104

une attaque de dos (figure 3.104).

Il s'agit d'un mode très court de *Fajing* qui demande beaucoup de travail.

Fig. 3.105

F) Frappe latérale brisante avec l'épaule *(Beizhe Kao)*

Il s'agit après un temps d'esquive ou d'absorption de contre-attaquer par un coup d'épaule qui se déplie vers l'extérieur en exploitant une rotation de la taille et du dos.

Le pied droit étant en avant, allongez le bras droit vers l'avant et abaissez-le sur l'intérieur de la jambe avant, la paume est vers le sol, les doigts à l'oblique vers l'avant (figure 3.105). Transférez le poids sur la jambe droite, la main droite suivant le mouvement de la taille vers la gauche, remonte en supination. Puis le poids du corps bien stabilisé sur la droite, vous frappez avec le bras et l'épaule droite vers l'arrière et la droite (figure 3.106). cette technique est surtout utilisée quand vous êtes en contact collé avec l'adversaire, cependant il est aussi possible sur une distance plus longue. Exercez bien les deux côtés et faites preuve de patience.

Fig. 3.106

G) Coup d'épaule sur 7 cun *(Qicun Kao)*

Il s'agit de porter une attaque d'épaule très basse à une vingtaine de cm du sol (7 *cun* = 23 cm).

Faites un grand pas latéral et inclinez vous fortement vers la jambe, jusqu'à mettre le coude au-dessous du genou et portez une frappe de l'épaule. C'est un mouvement de grande amplitude et il convient de rechercher le droit au sein de l'inclinaison, il convient de s'exercer d'abord lentement à cette technique qui nécessite un réel *Gongfu* pour être efficace (figure 3.107).

Fig. 3.107

8) Techniques de saisie *(Qinna)*

八、拿的训练方法

A) Saisie en supination et pronation *(Shun Ni Na)*

Il s'agit ici d'un exemple d'utilisation des deux modes principaux d'expression de l'énergie enroulée en spirale, celle qui amène en supination, *Shunshan* (sens des aiguilles d'une montre) et celle qui amène en pronation, *Nishan* (sens inversé des aiguilles d'une montre*)*.

Avec le pied gauche sur l'avant, la main avancée paume vers l'intérieur, la main droite est en préparation sur le côté droit, paume vers le haut (figure 3.108). Suivez en relaxant la partie gauche de l'entrejambe et transférez le poids sur l'avant, simultanément la main gauche à partir d'une action du pouce de l'extérieur vers l'intérieur passe en pronation *Ni*, la main droite aussi accompagne l'action en se tournant de l'extérieur vers l'intérieur dans une énergie de fermeture, les deux mains synchronisées pour placer le *Qinna* (figure 3.109).

Fig. 3.108

Il convient pour donner de la puissance à l'action de veiller à bien transférer le poids en faisant décrire un arrondi vers le sol au centre de gravité, d'autre part quand les mains portant la clé les épaules et les coudes doivent restés bas, la poitrine bien effacée et la taille affaissée, les côtés resserrés sur l'avant, le *Qi* s'enfonce, ceci pour permettre la coopération parfaite du *Qi* et de la forme.

Il faut s'exercer en enchaînant par une variation et une inversion des prises en même temps que le poids du corps repasse sur l'arrière et revient sur l'avant, les mains passent par exemple d'une action gauche en supination, droite en pronation, à une position de clé avec la main gauche en pronation et droite en supination pendant que le poids repasse sur l'avant. Les énergies *Shun* et *Ni* s'entraident et se produisent entre elles ; si j'utilise la main gauche en supination et la droite en pronation et que l'adversaire est particulièrement détendu et échappe à la saisie, il convient alors de changer la prise et d'inverser le sens de contrôle des mains, la main gauche travaille alors en pronation, la droite en supination.

Fig. 3.109

Fig. 3.110

Il convient de répondre à l'énergie longue de l'adversaire par une action très brève sur une ouverture et une fermeture explosive, avec la pratique vous pourrez agir en anticipation sur la réaction de l'adversaire, et cela même sans qu'il vous soit nécessaire d'ajouter une pensée, l'action devient purement réflexe (figure 3.110).

Sentence :
- *La méthode de saisie est subtile et sa maîtrise difficile, les articulations sont maintenues détendues, le point d'application est précis.*
- *Les quatre membres sont reliés comme des arcs, si l'un manque l'action manquera sa cible.*
- *Contrôler avec la gauche, tordre avec la droite, et inversement, doivent s'enchaîner rapidement, la pratique quotidienne permettra d'affiner la technique.*
- *Si vous ne vous entraînez pas durement pendant la jeunesse, à l'âge avancé vous n'aurez que des regrets.*

Fig. 3.111

B) Saisie avec la poitrine *(Xiong Na)*

Il s'agit de porter un *Qinna* par l'action coordonnée d'une main et d'un côté de la poitrine. Faites d'abord un pas du pied droit pendant que la main droite s'élève dans un premier temps vers la gauche de la poitrine pour ensuite écarter en *Peng* sur le haut et la droite à hauteur de la tête (figure 3.111), la main droite continue sa course en redescendant se placer paume vers l'avant sur le côté droit, en même temps relâchez la droite de l'entrejambe, tournez vers la droite, sortez la jambe gauche et laissez le poids sur l'arrière, la main gauche vient sur l'avant (figure 3.112).

Fig. 3.112

Puis relâchez la gauche de l'entrejambe pour amorcer la transfert du poids sur la gauche, en même temps lâchez bien la poitrine, resserrez les côtés, le *Qi* s'enfonce, la main droite forme le poing qui vient se coller à la poitrine. Opérez alors une action de fermeture avec la poitrine pour appliquer un *Cai* vers le bas, en même temps la main gauche suit par un contrôle en supination, refermez l'entrejambe, rentrez la poitrine, resserrez les côtés, abaissez le *Qi* au *Dantian*, ce travail interne et les

Fig. 3.113

actions de la main et la pression de la poitrine doivent être le plus synchrone possible. Le placement des mains ne doit être qu'un appui, l'action principale est au niveau du côté gauche de la poitrine (figure 3.113).

Sentence :

- *Déployer vers le haut, soulever sur la droite, s'inscrivent dans un cercle ; relâchez l'entrejambe, tournez et rassemblez la force sur le côté.*
- *L'application d'un Jing juste et le transfert du poids sur l'avant se font en un temps, l'énergie est présente au point Baihui, le sommet est comme suspendu.*
- *Votre vitesse suit celle du partenaire, la saisie est appliquée dans l'axe et non de biais.*
- *Bougez rapidement, suivez rapidement, le contact ne sera pas perdu, tout le corps participe à l'action.*

Fig. 3.114

C) Saisie avec le ventre *(Fu Na)*

Il s'agit de combiner l'action d'une main avec celle du bas-ventre pour placer un *Qinna.* Comme précédemment, faites un pas du pied droit et écartez vers le haut et la droite en *Peng* avec le bras droit (figure 3.114), puis la main redescend se placer en préparation devant le côté droit du ventre, l'intention est d'intercepter et de contrôler une attaque, la main droite prend une forme dite avec le pouce et l'index ouvert en forme de V (huit inversé en chinois) les trois autres doigts sont légèrement pliés, la paume est vers la gauche. Suivez en faisant un pas du pied gauche, la main gauche vient sur l'avant, doigts vers l'avant et paume vers la droite (figure 3.115).

Fig. 3.115

Relâchez la hanche gauche, pressez le sol avec le pied droit et transférez le poids sur l'avant, en même temps la main gauche agit en supination et la droite en pronation, suivant une rotation vers la gauche du souffle interne dans le ventre, pour appliquer la saisie. Il faut veiller pendant la prise avec le ventre à bien être placé en fermeture au niveau de l'entrejambe, au rentré de la poitrine, au resserrement des côtés, le *Qi* s'enfonce, les 3 énergies de contrôle de la main gauche, de la prise de la main droite et de la rotation dans le *Dantian* doivent être synchrones pour converger en un point (figure 3.116). l'action principale est portée au niveau du bas-ventre, les mains sont en appui, celle de la droite est la plus forte, la gauche plus légère, le regard se porte sur le côté gauche.

Sentence :
- *Écartez à droite, le pied gauche est ferme, abaissez à droite et allongez sur l'avant.*
- *Avant la prise votre approche est légère comme celle d'un chat, votre intention pénètre jusqu'au but.*
- *Ne marquez pas de temps sur les côtés, l'action est unique et sans hésitation.*
- *L'intention est dans le geste, le cœur déterminé, l'avantage est acquis en un instant.*

Fig. 3.116

D) Double saisie avec le ventre *(Shuang He Fu Cai Na)*

Faites un demi-pas du pied droit vers l'avant, élevez les bras sur l'avant puis pliez les à 90° en les ramenant vers la poitrine, les paumes vers l'intérieur, les doigts en vis-à-vis (figure 3.117), vous amenez ensuite suivant le transfert du poids sur l'avant les paumes comme pour frapper sur le ventre, les paumes s'arrêtent à environ 10 cm du ventre (figure 3.118).

La poitrine est effacée, les côtés compacts, le *Qi* s'enfonce, l'énergie du *Dantian* est comme bouillonnant. Tout particulièrement dans cette forme il est important de rajouter une image mentale, comme celle d'un adversaire qui pousse avec les mains sur votre ventre, vous utilisez alors le transfert de poids vers l'avant, la sortie explosive du ventre, avec le contrôle de l'adversaire aux coudes qui risque de se faire casser les poignets si il maintient sa pression.

Fig. 3.117

Sentence :
- *La jambe droite est sur l'avant, les bras s'étendent puis fléchissent et remontent.*
- *Le poids passe à droite, l'énergie est accumulée au Dantian, les trois énergies comme une seule.*
- *Saisir et conduire près de la poitrine ; appliquez le fajing dans les paumes et sortez la poitrine.*

Fig. 3.118

Fig. 3.119

– *S'il fuit vers le haut, enroulez sur les côtés, le Qinna par enroulement sur les côtés est difficile à esquiver.*

E) Saisie sur enroulement *(Chan Rao Na)*

Il s'agit d'enrouler un bras par l'intérieur puis de l'autre main appliquer un contrôle en clé ; faites un pas du pied droit et sortez la main droite en *Peng* vers le haut la droite (figure 3.119), puis poursuives par *Lu* vers l'arrière, quand le poids du corps passe sur le pied droit, avancez la jambe gauche en présentant la main gauche sur l'avant (figure 3.120), puis la main droite poursuit son action d'enroulement en se rapprochant de la poitrine poing fermé, le bras gauche se referme alors sur le bras droit, le corps s'abaisse, la poitrine est rentrée, la taille bien affaissée, les côtés resserrés, le *Qi* s'enfonce au *Dantian* (figure 3.121).

Les énergies des bras et de la poitrine doivent intervenir en même temps pour marquer la prise, les mains sont à environ 15 cm de la poitrine. Vous pouvez répéter la technique en réavançant le pied droit, sortir la main droite en *Peng* et replacez la prise sur avancée de la jambe gauche.

Fig. 3.120

Sentence :

– *D'abord la droite, puis la gauche vont sur l'avant, reliez à droite, enroulez à gauche, les deux pressent sur l'avant.*
– *Le poids passe à gauche, le corps se ramasse, les paumes se rapprochent*
– *Effacez la poitrine, resserrez les flancs, le Qi coule et emplit le bas dans un bouillonnement.*
– *Ce Qinna est des* plus *subtiles, il cumule torsion des poignets et atteinte aux tendons.*

Fig. 3.121

F) Saisie avec la jambe *(Tui Na)*

Fig. 3.122

Il s'agit de combiner une prise des deux mains avec une fermeture de la cuisse pour marquer une clé ; faites un pas du pied gauche et présentez la main gauche sur l'avant, puis ramenez-la en flexion paume vers l'intérieur, les doigts pointant vers l'avant (figure 3.122), en même temps que vous faites le pas à gauche le corps doit s'abaisser, le souffle va descendre, la poitrine est rentrée, les côtés resserrés.

Puis passez le poids sur l'avant pendant que le bras gauche s'abaisse, la main droite placée au côté droit descend en pronation vers l'intérieur de la jambe gauche, qui elle agit en fermeture sur l'intérieur (figure 3.123).

Fig. 3.123

Le point d'application principal de la prise est au niveau de la jambe gauche, vous pouvez répéter le mouvement sur une avancée de la jambe droite devant la gauche, travaillez les deux côtés.

Sentence :

– *Les pas s'enchaînent rapidement, le bras droit est ramassé sur l'intérieur, le gauche s'étend à l'avant.*
– *Le poids passe sur l'avant dans un arrondi vers le sol, pronation à droite, supination à gauche, reliés comme un arc.*
– *L'intérieur du genou contrôle vers l'intérieur, l'entrejambe est détendu, les mains sont les soldats, la jambe le général.*

Fig. 3.124

Fig. 3.125

Fig. 3.126

– Les trois énergies comme une seule marquent la prise, tout le corps est contrôlé.

G) Saisie couvrante en accrochant *(Diaogai Na)*

Il s'agit de la combinaison d'une action de supination de la main droite vers le haut et la gauche, avec celle de la main gauche en appui bas sur le côté gauche.

Faites un pas du pied droit et sortez le bras droit dans l'idée d'aller au contact (figure 3.124), puis ramenez-le contre le côté droit, quand le poids passe sur le pied droit, avancez le pied gauche et présentez la main gauche sur l'avant (figure 3.125). La main droite remonte alors en tordant en supination à hauteur du nez pendant que la paume gauche vient en appui, les deux actions doivent être synchrones (figure 3.126).

Tout le corps doit participer au rassemblement des mains, les épaules sont basses, la poitrine est rentrée, le corps s'assoit davantage.

Pour répéter vous avancez de nouveau le pied droit et montez le bras droit, puis refaites le pas du pied gauche et marquez à nouveau la prise.

Sentence :

- *Le pied droit sur l'avant, la main en Peng, progressivement marquez Lu vers le bas d'une prise légère en torsion.*
- *En supination passez le poids sur l'avant, la main gauche se présente sur l'avant au contact du partenaire.*
- *Une supination un affaissement, pillez l'énergie de l'adversaire, tout le corps est ramassé, l'intention est dans la victoire.*
- *La méthode de saisie est très habile, la saisie juste précède, elle est le fer de lance de la frappe.*

H) Saisie en double fermeture *(Shuang He Na)*

Fig. 3.127

Il s'agit d'une action combinée de tout le corps avec l'énergie de fermeture des deux mains ; soulevez la main droite en *Peng* (figure 3.127), puis faites un pas du pied gauche, la main gauche se présente sur l'avant, transférez le poids sur la gauche, puis les deux mains se referment sur l'avant en même temps que le corps s'abaisse (figure 3.128), l'abaissement du corps, la descente du *Qi* et l'action des deux mains doivent être placées en un seul temps. Il convient de visualiser que la main droite

Fig. 3.128

intercepte et contrôle le poignet de l'adversaire, tandis qu'à l'avancée de la jambe gauche, la main gauche saisie la partie supérieure du poignet, puis dans un abaissement du corps les mains se referment et appliquent la prise.

Il faut ressentir que l'efficacité provient du soutien que tout le corps apporte aux mains, la poitrine est rentrée, les côtés resserrés, le *Qi* s'enfonce en une fraction de seconde, il faut veiller aux lâchers des épaules et des coudes pour que la technique soit nette.

Sentence :
– *Les pas se suivent, la saisie fait suite au Peng, la prise de contact et le crochetage sont légers.*
– *Le pied gauche avance, la main agrippe le bras, le poids passe sur l'avant en formant le pas de l'arc.*
– *Rapidement fléchissez sur les jambes, rassemblez l'énergie, tout le corps participe.*
– *L'intention précède l'action de tout le corps, la technique est précise sans hésitation.*

9) Entraînement aux techniques de dessaisie *(Jie Tuo)*

九、解脱的训练方法

A) Dessaisie sur ceinture arrière

Fig. 3.129

D'après les Anciens, c'est la technique favorite du général Guan gong. Supposons que l'adversaire vienne par le dos pour bloquer la taille dans le but de nous déraciner, nous nous dégageons de cette saisie comme pour enlever la ceinture.

Il s'agit de se libérer avec les bras d'une prise arrière visant à vous soulever ; les pieds à la largeur des épaules, les mains sont naturellement lâchées le long du corps, le regard est porté sur l'avant. Prenez une inspiration puis sur une expiration fléchissez sur les jambes (figure 3.129), guidant le *Qi* dans le *Dantian,* en même temps les doigts (sauf les pouces) des deux

Fig. 3.130

* Guan gong : De son nom Guanyu (160-219), général de l'époque des Trois Royaumes, vénéré par sa bravoure et sa droiture. Il jouit d'une popularité telle qu'on trouve sa statue dans presque tous les lieux de culte et aussi dans les autels des familles chinoises. Il est reconnaissable par son visage pourpre et la hallebarde à sa main droite, censée apporter protection et tranquillité dans les foyers.

mains remontent, à commencer par les auriculaires, les annulaires ainsi de suite pour finir en forme de crochet le long des côtés (figure 3.130).

Le mouvement du *Qi* qui circule de l'extérieur vers l'intérieur en enroulement vers le bas pendant que vous vous baissez, le resserrement des côtés et l'action des doigts, sont bien synchronisées, sinon se libérer de la prise sera difficile, une longue pratique est nécessaire pour parfaire cette technique.

B) Dessaisie avec flexion des doigts en crochet *(Diao Wan Ku Zhi Jie Tuo)*

Fig. 3.131

Il s'agit de se libérer d'une saisie des doigts en pliant les quatre doigts et formant la main en crochet, cette technique est utilisée dans la transition entre *Liu Feng Si Bi* et *Danbian* (une des formes de préparation du Simple Fouet) ; pliez les doigts et élevez la main à l'oblique devant la poitrine ou sur le côté droit, en même temps pliez progressivement le poignet, à la fin les cinq doigts se touchent pour former le crochet (figures 3.131, 3.132).

La dessaisie n'opère que sur une prise des doigts, il convient de veiller au lâcher des épaules et des coudes, au rentré de la poitrine et à la descente du *Qi* au *Dantian*, alors vous pourrez mener au bout le mouvement dans la décontraction, l'énergie sera appliquée nettement au point d'application. Travaillez des deux côtés.

C) Dessaisie d'une double prise des poignets *(Chuang Wan Zhi Jie)*

Fig. 3.132

Il s'agit de vous libérer d'une prise aux poignets ou aux avant-bras en remontant les avant-bras à partir de l'intérieur des poignets ; faites un pas en avant, maintenez le poids sur la jambe arrière, formez les mains en poings souples et suivant le transfert du poids sur l'avant remontez les poings vers le haut sur l'avant des épaules. Veillez à passer le poids sur l'avant en déplaçant le centre de gravité dans un arrondi vers le bas. Veillez au rentré de la poitrine, au lâché des épaules et des coudes, le *Qi* descend, ainsi le bord interne des poignets aura de la puissance. Cette technique ne nécessite pas une grande amplitude de mouvement, elle intervient dans le temps d'un relâché et d'un affaisse-

Fig. 3.133

ment, d'une ouverture et d'une fermeture (figures 3.133, 3.134).

Fig. 3.134

D) Dessaisie sur sortie des paumes *(Chuan Zhang Jietuo)*

Il s'agit de se libérer d'une prise aux poignets en amenant les mains croisées devant la poitrine, cette forme intervient dans la transition entre *Jing Gang Dao Dui* et *Lan Zha Yi* ; pliez les bras à 90° amenez les mains l'une sur l'autre devant le *Dantian,* droite au-dessus (figure 3.135). Fléchissez un peu, rentrez la poitrine, resserrez les côtés, enfoncez les épaules et les coudes, le *Qi* descend, tournez le buste d'abord à gauche puis sur la droite, la main gauche agit en supination, la droite en pronation ; les mains suivent la rotation pour dessiner un petit cercle sur le côté gauche qui les amènent en double *Peng* vers l'extérieur, les paumes tournées vers l'extérieur. L'intention de coincer l'adversaire est présente à la fin du dégagement (figure 3.136).

Si vous voulez exécuter l'action sur une rotation du buste sur la droite, tournez d'abord vers la droite puis revenez vers la gauche, les mains agissent alors droite en supination, gauche en pronation.

Sentence :

– *Les pieds sur la même ligne, le regard porté sur l'avant.*
– *Épaules et coudes lâchés, la poitrine effacée, les mains empilées devant le ventre.*
– *D'abord une percée de la main droite puis tournez à droite, tournez les paumes vers l'avant.*
– *La taille est la frontière entre le haut et le bas, c'est à observer dans la percée vers le haut, restez bien centré.*

Fig. 3.135

Fig. 3.136

Fig. 3.137

Fig. 3.138

Fig. 3.139

E) Dessaisie par flexion du poignet *(Quwan Fan Na Jie)*

Fig. 3.140

Il s'agit de se dégager d'une prise des doigts avec flexion du poignet en pronation soutenu par l'appui de la main gauche ; sur bras droit avancé, fléchissez-le de 45°, la paume vers la gauche (figure 3.137), enchaînez par un enroulement en pronation d'environ 180°, le poignet cassé vers l'intérieur. Portez le poids sur l'avant pendant que la main gauche monte pour se placer en appui sur le dos de la main droite (figure 3.138 – 3.139), puis replacez le poids sur l'arrière en descendant les mains pour marquer le dégagement (figure 3.140). Veillez quand vous faites la rotation du poignet vers le haut de bien maintenir l'étirement entre le haut et le bas à partir de la taille ; une partie de l'énergie monte, une partie descend, ceci afin de ne pas perdre ses racines pendant la montée du coude, lâchez les épaules.

Il s'agit ici d'utiliser la détente et l'ouverture de toutes les articulations du corps, l'allongement musculaire, pour se libérer aisément de toute prise.

Sentence :
- *Quand le corps se déploie vers le haut, séparez-le à la taille, toutes les articulations libres et ouvertes, l'énergie enserre.*
- *Relâchez et enfoncez sans obstacles, dans l'abaissement il est difficile de garder la prise.*
- *Comme la théorie circulaire du Taiji, tous les changements sont contenus dans un cercle souple.*
- *Il suffit de s'entraîner dur avec régularité…*

Fig. 3.141

Fig. 3.142

Fig. 3.143

F) Dessaisie avec coup d'épaule
(Shan Jing Ce Jian Jie)

Il s'agit de se libérer d'une saisie en supination du poignet en suivant en pronation dans un allongement du bras, puis de porter un coup d'épaule en s'inclinant. Commencez bras droit étendu sur l'avant, pliez le de 90°, puis pliez le poignet sur l'intérieur, les doigts plongent vers le bas, la poitrine est effacée, le dos en expansion, le *Qi* descend, poursuivez en passant la main en pronation et remontez-la vers l'arrière et en oblique vers le haut pour une prise de contact, paume vers la droite, elle permet aux forces de s'unir (figure 3.141). En même temps la main gauche vient se placer devant le côté droit de la poitrine, paume vers la droite, la pression de la main gauche sur la droite et l'ouverture de la main droite doivent être exécutées dans un seul temps. Faites un pas du pied droit vers l'avant la main droite tire vers le bas et portez un coup avec le côté de l'épaule vers le côté droit de l'adversaire pour le projeter (figure 3.142), la prise se libère de façon naturelle.

Les actions de conduire avec la main droite, de pousser sur la droite avec la main, l'avancée du pied et la percussion de l'épaule doivent être exécutées dans le temps d'une seconde, sinon la frappe sera peu nette et l'impact faible.

Sentence :
- *Ne pas saisir les doigts..., le partenaire agit en supination, je suis en pronation, l'intention précède.*
- *L'énergie de tout le corps se rassemble suivant l'élévation, attirez vers le haut, pénétrez en dessous assure l'avantage.*
- *Dans un éclair heurtez de l'épaule, le corps penché, l'adversaire est choqué.*
- *La technique est ainsi, la précision du timing est cachée dans la poitrine.*

G) Dessaisie avec frappe de paume
(Shan Jing Zhen Zhang Jie)

Il s'agit d'utiliser une technique placée en un éclair et de manière propice à surprendre l'adversaire, voire à l'effrayer pour dissoudre la stabilité, puis dans un second temps de se libérer de la saisie par une frappe de paume (comme si vous cassiez des bambous) ; si l'adversaire vous saisit au pli des coudes, vous reculez le pied gauche d'un demi-pas, abaissez

Fig. 3.144

votre centre de gravité, l'énergie du corps se ramasse, les mains forment les poings et remontent sur les côtés (figure 3.143), fléchissez les bras de 180° pour amener les poings vers le haut, le regard se porte sur l'avant. Puis dépliez les bras et écartez les mains sur les côtés, paumes vers l'avant et le haut, les bords externes des mains sont au contact de l'intérieur du coude de l'adversaire, alors vous explosez sur les côtés de façon très sèche *(Doujing)* pour surprendre l'adversaire et le déséquilibrer, puis vous avancez le pied droit vers lui et portez une frappe des paumes à la poitrine.

Veillez lors de la sortie de force sur les côtés à abaisser le centre, et ramenez vos mains, puis faites le pas et repousser de façon rapide et puissante (figures 3.144, 3.145).

Sentence :
– *Le pas de retrait ne signifie pas la défaite, l'énergie de fermeture et de rassemblement est très rapide.*

H) Dessaisie avec frappe de pied *(Fan Na Cu Du Jie)*

Levez le pied droit, le bras droit fléchit suit une torsion en supination sur le côté droit, paume vers l'extérieur, doigts dirigés à l'oblique vers l'avant, le côté droit du corps se ramasse (figure 3.146) reposez le pied droit sur le côté et l'avant, en même temps la main gauche avance sur la droite, au posé du pied droit au sol, la paume droite perce vers l'avant, la main droite pousse sur le côté droit avec la gueule du tigre ouverte (espace entre le pouce et l'index ouvert), c'est un mouvement puissant sur le côté, l'action combinée des mains et la frappe du pied droit au sol en se posant doivent se placer en un seul temps (figure 3.147).

Fig. 3.145

Fig. 3.146

Fig. 3.147

Fig. 3.148

Fig. 3.149

Fig. 3.150

Cette technique s'exerce d'abord en position haute et lentement en exprimant l'énergie longue, puis vous pratiquerez bas et rapidement en utilisant l'énergie brève et plus sèche.

Sentence :

– *Pour se libérer, suivre avec le côté du corps, l'énergie s'effondre, contenant l'extension dans la flexion.*

I) Dessaisie en séparant les mains *(Shuang Shou Wai Fen Jie)*

Il s'agit de se libérer d'une prise des poignets en séparant les bras sur les côtés ; le pied droit devant, amenez les bras sur l'avant puis pliez-les à 90°, les paumes en vis-à-vis, le regard se porte sur l'avant (figure 3.148), puis cassez les poignets vers l'intérieur, les paumes tournées vers soi (figure 3.149), puis les doigts plongent vers le bas (figure 3.150), poursuivez en écartant les bras sur les côtés, la prise des poignets doit céder. Il convient de coordonner l'orientation des poignets vers soi avec l'inspiration et l'ouverture des mains avec l'expiration, lâchez les épaules et les coudes, effacez la poitrine, resserrez les côtes, le *Qi* descend, puis au moment ou les bras s'ouvrent sur les côtés commencez à expirer.

L'orientation des avant-bras dans l'ouverture est variable elle peut être en double pronation ou un côté en supination et l'autre en pronation. Vous pouvez répéter l'exercice en ramenant les mains sur l'avant et plonger à nouveau vers le bas pour refaire l'ouverture (figure 3.151).

Sentence :

– *Les bras se referment et plongent, la poitrine effacée, les flancs resserrés, le Qi descend.*
– *Saisissez les poignets, à gauche en supination, à droite en pronation, déployez les mains sur les côtés.*
– *Dans une ouverture et une fermeture vous vous libérez, les mains contrôlent les poignets.*

Fig. 3.151

Chapitre 4

Qi gong du *Taiji* pour nourrir le principe vital et accroître le *Qi* *(Taiji Yangsheng Zeng Qi Gong)*

第四章　太极养生增气功

1) Présentation

一、太极养生增气功简介

Ce travail est une clé importante pour améliorer le niveau général en *Taiji*, dans les formes et le travail à deux ; il permet de nourrir et raffermir les éléments du ciel antérieur et développer ceux du ciel postérieur, la pratique est des plus positives pour la circulation du sang et du souffle, le *Qi* sera très présent au niveau de l'épiderme, de plus il descend à la plante des pieds, la base est solide, la circulation en anneau dans les méridiens gouverneur et conception est en place.

Cette pratique est voisine des *Qi gong* immobiles *(Jing Qi gong)* mais tout en étant différente, dans les formes de *Jing Qi gong* immobiles l'on recherche à induire un mouvement au sein de l'immobilité, dans le *Qi gong* du *Taiji* l'on cultive en même temps l'immobilité et le mouvement, en dehors de la première posture du *Wuji* (état de vacuité), tous les exercices allient posture avec montée et descente, ouverture et fermeture, *Peng* (parer), *Lu* (tirer), *Ji* (presser), *An* (appuyer). Il s'agit d'un *Qi gong* avancé qui allie le travail traditionnel proposé dans les *Qi gong* avec la technique martiale.

Le *Qi gong* du *Taiji* se compose de 6 exercices : posture *Wuji*, posture *Hunyuan, Kaihe, Santi, Shansi* et *Wu zhuang huan yuan* (posture de vacuité – état du chaos primordial – posture d'ouverture / fermeture – posture des trois corps – posture des spirales – posture du retour aux sources).

On peut les enchaîner ou les pratiquer isolément. En dehors des effets bénéfiques sur la santé, l'équilibre nerveux et le domaine martial, il permet d'élever votre niveau dans la pratique de la forme et dans le *Tuishou*. C'est un travail vivant et ouvert aussi il est également possible d'intégrer le travail interne et les sensations produites dans les six postures, dans d'autres postures ou mouvements que vous pouvez trouver dans la forme.

2) Posture du Wuji *(Wuji Zhuang)*

二、无极桩功演练法

A) Position

1er temps :

Tenez vous debout, bien droit, les pieds écartés de la largeur des épaules, les bras sont relâchés le long du corps, dans un premier temps fermez les yeux puis ouvrez-les progressivement, maintenez un état d'esprit paisible, le souffle est calme, l'intention est placée au *Dantian* (figure 4.1).

2nd temps :

Prenez une respiration fine, longue et lente, élevez les bras sur les côtés du corps jusqu'à la hauteur des épaules, les avant-bras sont en pronation, pouces vers le bas, les paumes orientées à l'oblique vers le bas (figure 4.2).

3ème temps :

Ramenez les bras devant vous, les auriculaires guident le mouvement de rassemblement sur la ligne médiane du corps, abaissez les mains pour les empiler sur le bas-ventre, les hommes mettront la main gauche à l'intérieur, les femmes la main droite (figure 4.3).

Fig. 4.1

Fig. 4.2

Fig. 4.3

Points clés :

Lors du déploiement des bras sur les côtés il est important de bien doser l'angle et l'intensité du mouvement ; en effet il faut stopper la montée au bon endroit pour éviter une remontée du *Qi* qui viderait les talons, le souffle stagnera à la poitrine, il ne faut pas non plus élever les bras d'une manière trop nonchalante, le *Qi* ne pourrait alors parvenir jusqu'aux doigts, le point d'application de l'énergie serait par trop imprécis et traduirait un manque d'énergie *Peng*.

B) Positionnement des parties du corps

1. À la partie supérieure, le point *Baihui* au sommet du crâne guide l'énergie vers le ciel, le cou naturellement droit, la peau du crâne et du visage bien détendue.
2. Sous la nuque les articulations des épaules au niveau des omoplates sont bien relâchées et ouvertes, les coudes suivent cette détente et sont bien bas, simultanément la poitrine est contenante, les côtés sont légèrement comme en fermeture sur l'avant et le bas, l'énergie de la taille descend naturellement, vous devez ajouter une intention de rassemblement des organes internes, ainsi tout votre corps est stable.
3. À la partie basse, les jambes suivant la décontraction de la partie médiane, sont bien détendues, le périnée est légèrement remonté, les genoux un peu pliés, les orteils assurent l'ancrage au sol, la plante du pied est maintenue relâchée, ainsi le *Qi* dense peut descendre naturellement sans blocage.

C) Respiration

La respiration est un des points les plus importants dans le travail des postures, il convient d'être attentif à ce qui suit :

1. Inspirez par le nez et expirez par la bouche. À l'inspiration le bout de la langue prend contact avec le haut du palais, à l'expiration le bout de la langue redescend, ceci car c'est au palais que se situe la fin du méridien gouverneur et le bout de la langue et le point de départ du méridien conception, à chaque cycle respiratoire vous mettrez alors en contact les deux méridiens. À l'expiration l'abaissement de la langue est accompagné par un avalement de la salive qui est conduite dans le *Dantian* médian puis sera conduite au *Dantian* inférieur. Ce mode de respiration va dans le sens de la mise en place des grande et petite révolutions célestes.
2. À l'inspiration la poitrine et le ventre se creusent légèrement, le *Qi* aidé par l'intention remonte par le point *Huiyin,* passe le coccyx et remonte le long de la colonne vertébrale, jusqu'à la nuque et au sommet du crâne. Il faut coordonner l'élévation du *Qi* avec la remontée du corps, l'expansion du dos, toutes les articulations et les pores de la peau sont comme en ouverture. (Mais il faut éviter de trop

forcer cette phase de déploiement pour éviter que le *Qi* et le sang ne remontent trop, flottent et stagnent au niveau de la poitrine).

3. À l'expiration il convient d'abaisser le corps, tout le corps au dehors et au dedans est habité par l'intention de rassembler et de contenir, le *Qi* interne descend, la poitrine se referme légèrement, la taille s'assoit, le *Qi* retourne au *Dantian,* il faut veiller à ne pas presser avec force lors du rassemblement du *Qi* au bas-ventre, son expansion doit être naturelle.

4. La répétition de cet exercice va dans le sens du développement de la capacité pulmonaire, entraîne le ventre et dynamise le diaphragme, le *Qi* circule dans tout le corps en suivant votre intention, les révolutions célestes se mettent en place.

D) Intention

Dans la pratique du *Taiji Qi gong* l'intention *Yi* est toujours associée au *Qi*, ce dernier suit l'intention et mobilise la forme, c'est l'union de l'intention, du souffle et de la forme qui garantira un mouvement qui prend en compte la globalité du corps.

Pour les débutants il est déjà difficile de maîtriser les mouvements, c'est pourquoi il ne convient pas de débuter trop tôt l'apprentissage du lien avec le *Qi* et l'intention, il est en effet délicat de mettre en place et de maintenir tous les points importants dans l'exécution des mouvements, l'esprit n'est pas tranquille et disponible pour un autre travail.

1. Dans la posture du *Wuji* il convient de placer l'intention et la conscience dans le *Dantian* inférieur, cela devrait peu à peu neutraliser la venue d'autres pensées (une pensée remplace mille pensées). Dans le travail de la posture c'est en travaillant au niveau de cette unique pensée que les autres pensées et émotions peuvent s'estomper, le système cérébral va être au repos et s'harmoniser, générant des effets des plus bénéfiques dans tous les systèmes du corps humain.

2. Le nœud de la pratique se situe dans le niveau de tranquillité de l'esprit qui doit permettre la conduction consciente du souffle interne, qui produit une circulation non entravée dans tout le corps qui pourra entre autres trouver son application dans les techniques martiales. Tout cela dépend aussi de votre volonté à pratiquer, il convient d'aborder l'apprentissage sans hâte, ni à la légère et d'être bien guidé.

3) Posture de l'arbre *(Zhuang Gong)*

三、浑圆桩功演练法

Zhuang Gong est aussi appelé *Zhanzuang* « debout comme un pilier ». Le travail du maintien des postures est très important en *Wushu*, un adage classique énonce que si l'on n'apprend que les mouvements sans entraîner le fond, à l'âge avancé il ne restera plus rien de votre pratique, également il est dit que si l'on pratique les formes sans s'entraîner aux postures, votre « maison » n'aura pas de poutre maîtresse. Ne pas pratiquer les postures revient à bâtir une maison sans avoir posé de fondations, ainsi les pratiquants de *Taiji* doivent en plus du travail de la forme pratiquer *Zhuang gong.*

Le terme *Hunyuan* fait référence à l'énergie de l'univers avec lequel vous communiez dans la pratique des postures.

A) Position

Fig. 4.4

1er temps :

À partir de la position du *Wuji* faites un demi-pas du pied gauche sur le côté, les pieds sont parallèles, l'écart est plus large que la largeur des épaules, fléchissez les jambes, maintenez le corps bien droit, les épaules sont détendues, la taille et les hanches sont relâchées (figure 4.4).

Fig. 4.5

2nd temps :

Fléchissez un peu plus en élevant les bras sur les côtés puis rapprochez les mains de la ligne médiane, abaissez les coudes pour les laisser en dessous du niveau des épaules, adoptez une position semblable à l'embrassement de l'arbre. Les doigts sont ouverts et légèrement pliés comme s'ils tenaient une balle, les doigts sont en vis-à-vis, les paumes tournées vers soi, les mains sont séparées d'une trentaine de cm, les yeux sont soit ouverts et se portent alors au loin, soit fermés vous placez votre intention dans le *Dantian* (figure 4.5).

B) Positionnement des parties du corps

1) Réglage de la posture

Cette posture peut se pratiquer sur 3 niveaux, haut, moyen et bas ; si vous êtes d'un certain âge ou malade, vous pouvez tenir la position de façon haute et dans les débuts rester peu de temps en posture, progressivement vous allongerez le temps. Si vous êtes d'âge moyen vous pouvez vous tenir dans la position haute, puis adopterez la moyenne et plus tard vous vous entraînerez en position basse. Dans les débuts quelques minutes suffisent, puis progressivement vous allongerez le temps, commencez par 10-15 minutes puis essayer d'aller jusqu'à 30-40 minutes.

En général dans les débuts de la pratique vous ressentirez des picotements, des gonflements et des douleurs dans les jambes, il est aussi possible qu'elles se mettent à trembler, vous pouvez frotter vos jambes après la pratique pour faire cesser ces micro-tremblements. Quand vous pratiquez en position moyenne ou basse il se peut que les tremblements gagnent en intensité, les muscles des jambes réagissent en s'adaptant, il se peut que le haut du corps suive ces tremblements et secousses, alors vous pouvez remonter un peu sur les jambes et redescendre après un temps de repos. Quand les muscles des jambes seront davantage capables de supporter le poids du corps détendu, les tremblements vont diminuer et cesser, vous pouvez ainsi vous entraîner par paliers en cherchant alors à travailler encore plus bas et plus longtemps, les tremblements vont alors reprendre et s'arrêter en fonction du renforcement de vos jambes.

2) Méthode dynamique :

Elle signifie une ondulation en vague montante ou descendante, en suivant la respiration. En adoptant la posture haute, on inspire d'abord profondément, ensuite le corps descend au fur et à mesure de l'expiration, jusqu'à ce que les fessiers se trouvent au niveau des genoux. En inspirant, le corps remonte lentement, la langue touche le palais, l'énergie interne part du talon, suit l'arrière des jambes, par le Vaisseau Gouverneur, de la barrière *Weilü*, remonte par le dos, passe par *Yuzhen* et arrive au *Baihui.* À l'instant où l'énergie atteint ce dernier, l'intention va jusqu'à l'extrémité du Vaisseau Gouverneur, relie le début du Vaisseau Conception. On relâche la langue pour avaler la salive, l'énergie poursuit vers le bas pour atteindre le *Dantian* central, puis le *Dantian* inférieur. On poursuit avec une expiration longue et fine. L'énergie suit les faces internes des jambes pour atteindre *Yongqian* au creux de la plante du pied. Le cycle reprend à nouveau.

C) Respiration

La respiration a une incidence sur le travail de *Zhang Huang ; le Zhuang gong* est une méthode de mise en tension passive de la structure, mais…

Le centre de gravité du corps humain n'est pas immobile comme celui des objets, il est influencé par les mouvements de la circulation sanguine, de la respiration et de la digestion. Ainsi l'inspiration et l'expiration ont-elles un effet puissant sur le travail des postures. C'est pourquoi le centre de gravité au sein de l'immobilité apparente de la posture est continuellement en mouvement au sein d'un espace, allant vers le haut et le bas, oscillant un peu dans toutes les directions.

Sentence du Hunyuan Zhuang :

- *Le Qi circule dans la montée et la descente, vous êtes comme l'arbre que fait osciller le vent.*
- *Le corps est comme un bateau sur l'océan, vous remontez pour prendre votre envol et redescendez comme l'oie.*
- *Le haut est vide, le bas est plein, les orteils agrippent le sol, vous êtes habité d'une intense sensation de détente.*
- *Même au sein des tremblements vous restez stable comme la montagne.*

4) Posture d'ouverture – fermeture *(Kai He zhuang)*

四、开合桩功演练法

La position de travail pour ce nouvel exercice est semblable à la précédente, il faut aborder l'exercice en fermant légèrement les yeux, les paumes sont en vis-à-vis, les majeurs en contact (figure 4.6).

A) Déroulement de l'exercice

Fig. 4.6

1er temps :

À l'inspiration les bras s'écartent progressivement sur les côtés, simultanément vous remontez un peu sur les jambes, la poitrine et le ventre sont rentrés, les organes sont en expansion. Vous ajoutez l'intention d'établir un contact entre le nombril et le point *Mingmen*. L'amplitude de l'ouverture des bras est d'abord faible puis importante, en effet au début de la pratique l'inspiration est plutôt brève et s'allongera naturellement avec l'entraînement, il ne faut pas la forcer. Sur ce temps d'ouverture il faut utiliser l'intention pour générer la sensation que vous inspirez à partir des paumes, entre les majeurs vous avez comme un ballon qui prend de l'expansion (figure 4.7).

Fig. 4.7

Fig. 4.8

2nd temps :

À l'expiration le *Qi* se rassemble à l'intérieur, le corps s'abaisse, les coudes s'enfoncent, les poignets sont pliés, les paumes prennent une forme concave, tout le corps se détend, le nombril et *Mingmen* vibrent vers l'extérieur, s'éloignent l'un de l'autre et le bas-ventre se gonfle, la poitrine est bien effacée, la taille enfoncée, les côtés en convergence sur l'avant, les organes accumulent l'énergie. En même temps que vous rapprochez les mains il faut avec l'intention imaginer que vos paumes expulsent de l'air, ce qui rend difficile de rapprocher les mains, ceci de façon lente et dirigée par l'intention (figure 4.8).

Parmi les vertus de cette pratique on peut citer le renforcement des jambes qui assurera une stabilité de l'assise, la mise en route de la respiration abdominale inverse par le jeu entre le nombril et *Mingmen*, augmente la capacité de détente et de synchronisation des mouvements avec la respiration dans la pratique de la forme, accroît le souffle interne.

B) Relations entre le cœur, l'intention et le *Qi*

Le travail en ouverture – fermeture met tout spécialement l'accent sur les trois accords internes du Cœur *(Xin)*, de l'intention *(Yi)* et du souffle (*Qi*) : il s'agit de l'union de *Xin* et *Yi*, de *Yi* et *Qi* et de *Qi* et *Li* (la force).

1er temps :
l'accord Cœur– intention : cela fait référence à l'accord réel entre les idées provenant de l'activité mentale et la conscience, comme par exemple quand vous écartez les mains, votre pensée doit être placée avec conviction dans les paumes, ainsi il est possible de retirer les bénéfices de la pratique.

2ème temps :
L'accord Intention– Souffle : il s'agit de conduire le *Qi* avec la pensée, le *Qi* dont il est question ici est d'une part le *Qi* provenant des échanges au niveau des poumons et du *Qi* interne emmené consciemment. Dans les débuts l'on ne peut le percevoir, mais graduellement vous allez ressentir le *Qi* qui circule au rythme de la respiration et de la pensée.

3ème temps :
L'accord *Qi*– force : cela met en œuvre la dynamique des organes internes ; quand le corps s'abaisse à l'expire il y a détente et expansion au niveau des organes, quand le corps remonte à l'inspir les organes se resserrent, les activités du *Qi* et de la force sont synchronisées, si par exemple vous souhaitez allonger et affiner votre respiration, vous devez exprimer une force souple et détendue pour être en adéquation avec votre volonté de ralentir le rythme respiratoire. La sphère de contraction– détente des organes dont il est question ici est constituée par l'activité musculaire du diaphragme, des côtés, de la poitrine, du ventre et du dos, en coordination avec la mobilité relative des organes, notamment cela suit les principes physiologiques des relations entre les parties situées au-dessous et au-dessus du diaphragme, cela peut tout particulièrement être appréhendé dans la pratique du *Kaihe Zhuang*.

5) Posture en position des « 3 corps » *(San Ti Shi Zhuang Gong)*

五、三体势桩功演练法

Note du traducteur : le terme *Santi*, littéralement les trois corps fait référence au système du *Xingyi* et à la posture de base avec poids sur jambe arrière, les trois corps sont :

Fig. 4.9

– l'absorption du *Qi* avec les yeux,
– l'absorption du *Qi* avec les mains,
– l'absorption du *Qi* avec le *Dantien* et *Mingmen.*

Le pivot du travail en *San Ti* consiste à exécuter un double mouvement d'absorption et de poussée.

1er temps :

Partant d'une position de *Wuji*, faites un pas du pied droit vers l'avant, en même temps amenez les mains en tranchant sur l'avant au-dessus de la jambe droite, la main droite devant, la gauche en retrait, le poids du corps passe sur l'avant, les genoux sont en légère ouverture, l'entrejambe est arrondi, prenant ainsi un *Gongbu* sur le côté (figure 4.9).

Dans cette position, fermez d'abord les yeux et tranquillisez vous quelques minutes, placez l'intention dans le *Dantian,* puis rouvrez les yeux et portez le regard sur un objet lointain, un arbre, une pelouse…

Fig. 4.10

Sur l'inspiration placez le poids sur l'arrière en ramenant la puissance du regard vers l'intérieur, les mains au niveau des points *Laogong* se creusent, les doigts se replient comme pour agripper le *Qi* et l'absorber vers l'intérieur, simultanément le nombril et *Mingmen* se rapprochent. Le temps de l'inspiration doit être synchronisé avec celui nécessaire au transfert du poids sur l'arrière. Quand le poids est totalement passé sur la gauche vous êtes dans une attitude de préparation pour une poussée vers l'avant, bien ramassé et concentré, durant l'inspiration vous absorbez l'énergie de l'extérieur et avaler la salive pour la conduite aux *Dantian* médian puis inférieur (figure 4.10).

2nd temps :

En même temps que le *Qi* pénètre dans le *Dantian* inférieur, l'énergie de la taille se tasse bien vers le bas, manifestant l'intention de condenser avant d'émettre (figure 4.11). À l'expiration le poids repasse sur l'avant, une énergie de fermeture et d'empilement doit être présente entre la poitrine et la taille, puis les paumes poussent graduellement vers l'avant. Répétez l'exercice en alternant les deux côtés.

Fig. 4.11

Dans la pratique vous devez maintenir les « 3 cœurs », les 3 qualités de confiance, détermination et persévérance, seule la conviction des bénéfices à retirer de la pratique des postures peut nourrir votre détermination et vous inciter à persévérer.

Réussir l'entraînement énergétique est très important pour les pratiquants. Bien entendu, il dépend de beaucoup de facteurs, mais observer les trois principes est primordial. Il faut être persévérant, plein de confiance, s'entraîner avec assiduité et régularité, alors le résultat se fait sentir. Sinon, on se pose beaucoup de questions, on doute, on hésite. Si on agit comme dit le proverbe : « Pêcher trois jours, ranger son filet deux jours. » Alors il est très difficile d'obtenir de bons résultats. Ici, la conviction est la condition nécessaire. Quand on est convaincu de l'intérêt de ce travail, on le poursuit avec plus d'opiniâtreté ; avec le résultat obtenu, on garde l'enthousiasme et on s'améliore de jour en jour.

Il est des plus importants pour obtenir des résultats d'avoir une confiance à toute épreuve dans la pratique qui installe constance et rigueur dans l'entraînement quotidien. Si vous êtes en partie dans le doute, votre pratique sera trop irrégulière et les bénéfices peu probants. D'où provient la confiance ? Elle vient de la pratique elle-même, il faut s'entraîner un minimum pour avoir les premières sensations et retirer les fruits du travail, chaque palier franchi devient source de motivation et incite à persévérer.

6) Posture avec travail de l'énergie enroulée *(Shansi Zhuang Gong)*

六、缠丝桩功演练法

Ce travail des « spirales » est fondamental pour produire l'énergie enroulée propre au style Chen, il s'agit sur la base du travail des postures de mobiliser l'énergie spiralée en répétition.

A) Présentation de l'exercice

Fig. 4.12

1er temps :

Faites d'abord un pas du pied droit vers l'avant, portez le poids dessus et amenez les mains en inspirant au-dessus de la jambes droites, la main droite devant, la gauche en retrait, la différence avec la forme de l'exercice précédent réside dans le placement des mains en double *Peng* de préparation de *Lu,* les doigts de la main droite sont dirigés vers la gauche, ceux de la main gauche vers la droite, les deux paumes sont tournées vers l'avant, la poitrine est à l'aise et plutôt en ouverture, il y a un étirement entre le haut et le bas du corps, séparé au niveau de la taille, ainsi le *Peng* est suffisant et la base reste solide (figure 4.12).

Fig. 4.13

2nd temps :

Faites pression au sol avec le pied droit, relâchez la hanche gauche et transférez le poids sur l'arrière, les mains suivent le mouvement en formant des poings souples et descendent, la gauche en pronation, la droite en supination, lâchez bien les épaules et les coudes, opérez une torsion du dos et de l'entrejambe, quand la main gauche est arrivée en *Lu* devant la ligne médiane, les bras commencent à diminuer leur tension, inspirez et abaissez vous davantage, en même temps la main gauche fait un petit cercle dans le sens inverse des aiguilles d'une montre devant le *Dantian,* la main droite elle vient se placer à l'extérieur de la gauche en empilement. Accompagnez ce temps par un avalement de la salive jusqu'au *Dantian,* ceci est la méthode correcte pour se rassembler tant au dedans qu'au dehors en préparation pour exprimer une action vers l'extérieur (figure 4.13).

3ème temps :

Relâchez la hanche droite et donnez à la gauche, repassez progressivement le poids sur l'avant, ouvrez les poings et amenez les mains sur l'avant, la droite en dehors la gauche au dedans, les paumes sont tournées vers l'intérieur, suivez l'expiration et le transfert du poids pour presser *(Ji)* devant et plutôt latéralement et élever (*Peng*) vers l'avant. Après avoir marqué l'action reprenez la position de préparation du *Lu* en changeant l'orientation des paumes. Répétez l'exercice des deux côtés (figure 4.14).

Fig. 4.14

B) La respiration naturelle dans l'exercice et son but

1) Dans la pratique des postures la respiration doit être naturelle, l'inspir et l'expir doivent être de durée semblable ; cela donnera des résultats positifs dans l'aspect martial et pour le renforcement du corps. Il est fréquent de ne pas prêter attention à ce point, alors l'expir est lent et l'inspir court, ou le contraire, toutes deux sont en fait incorrectes. Une longue expiration et une brève inspiration sont qualifiées « plénitude de *Yin* », tandis qu'une expiration brève et une inspiration longue seront qualifiées de « *Yang* suffisant », ces deux formes sont à éviter, seul un cycle respiratoire composé de deux phases égales est souhaitable. Ainsi dans la pratique des *Zhuang* il faut veiller au naturel de la respiration en s'aidant de l'intention et du sens martial du mouvement.

2) Après avoir maîtrisé le maintien d'une respiration naturelle, la pratique du *Dalu* permet grâce à son long inspir (et donc son long expir) d'allonger le temps d'un cycle respiratoire, avec la pratique de ces exercices vous pouvez espérer diminuer le nombre de cycles respiratoires par minute, passant d'une moyenne ordinaire de 16 à 20 à 7-10 cycles par minute, progressivement il est encore possible de diminuer jusqu'à 5, voir même jusqu'à 2 ou 1 cycle par minute ! Le but de maîtriser la respiration naturelle profonde et longue est de permettre à toutes les bronchioles et capillaires du poumon d'avoir une activité, de faire participer à la respiration le plus de vaisseaux possibles, ce qui est un plus pour la qualité des échanges gazeux et du métabolisme.

3) Un des effets produits par le travail des postures est celui de permettre au *Qi* de circuler de façon optimale dans tout le corps, parfois dès les débuts de la pratique l'on peut avoir l'impression que les méridiens sont débouchés d'un seul coup, en fait cela s'obtient après une longue pratique. Dans le *Zhan Zhuang* l'accent est surtout mis sur la petite circulation céleste, *Xiao zhoutian* qui signe la liaison effective de la circulation en anneau du *Qi* dans les méridiens gouverneur et conception, ce dernier commence au bout de la langue, descend sur l'avant du corps passant par le *Dantian* et finissant au point *Huiyin*, le méridien gouverneur lui part de *Huiyin,* remonte au coccyx *Weilü*, puis circule dans le dos jusqu'au sommet du crâne à *Baihui* et de là il rejoint le haut du palais, s'il est en contact avec le bout de la langue le lien est formé entre les deux méridiens.

4) Il est également possible d'ouvrir la grande circulation céleste, *Da zhoutian*, il s'agit sur la base de la petite circulation d'établir la circulation dans les membres inférieurs. Le *Qi* commence au point *Yongquan* à la plante des pieds et remonte sur l'arrière pour se connecter sur le trajet de la petite circulation, après être retourné au *Dantian* le *Qi* redescend dans les pieds par les faces internes des jambes jusqu'à *Yongquan.* Elle nécessite une respiration plus longue, plus fine et régulière que pour la petite circulation, l'inspiration doit être plus calme et profonde.

7) Posture des 5 techniques retournant à l'unité *(Wu Zhuang Huanyuan)*

七、五桩还原演练法

Cet exercice se nomme aussi *Shougong,* la forme de fermeture, la clôture du *Taiji Qigong*, pour l'enchaîner à partir de l'exercice précédent, les bras sont en *Peng* sur l'avant, fermer les yeux et agir comme suit :

Fig. 4.15

Fig. 4.16

Fig. 4.17

1er temps :

Progressivement repassez le poids sur la gauche et ramenez le pied droit pour le placer à la largeur des épaules à côté du gauche, en même temps rapprochez les deux mains pour les placer sur le *Dantian,* puis avalez la salive jusque dans le *Dantian* inférieur, accumulez un temps puis expirez (figure 4.15).

2nd temps :

Inspirez en élevant les bras sur les côtés, les pouces dirigent le mouvement, les doigts sont orientés en oblique vers le bas, paumes vers l'extérieur (figure 4.16), puis les auriculaires dirigent le mouvement pour amener la supination, continuez d'élever les bras sur les côtés, jusqu'au-dessus de la tête, les doigts sont dirigés vers le ciel, les paumes en vis-à-vis, sur la base d'une détente profonde, tout le corps se redresse et toutes les articulations sont en ouverture (figure 4.17). Puis formez les poings et en suivant l'abaissement du corps ramenez les poings vers les oreilles et progressivement devant les épaules, accompagnez la flexion des jambes par un avalement de *Qi* et de salive jusqu'au *Dantian* inférieur (figure 4.18).

Fig. 4.18

3ème temps :

Continuez de fléchir les jambes, ouvrez les poings et expirez en appuyant avec les paumes vers le bas en descendant sur les côtés du corps, synchronisez l'arrêt de *An* avec la fin de l'expiration (figure 4.19) puis reprenez une inspira-

Fig. 4.19

tion et remonter graduellement sur les jambes (figure 4.20) et reprenez l'exercice complet 6 fois. Quand l'exercice de clôture est terminé, le bout de la langue quitte le contact au palais, rouvrez lentement les yeux, frottez vos paumes entre elles et massez en frottant le visage, la nuque, le cou, la poitrine et toutes les parties du corps qui le nécessitent. Le massage produit une chaleur qui favorise la détente et la production du *Qi*.

Fig. 4.20

Chapitre 5

Entraînement de l'entrecuisse et des fesses (Placement du bassin et des hanches) *Tun Dang Xun Lian*

第五章　臀裆训练

1) Le placement du bassin (fesses) *(Tunbu Xun Lian)*

一、臀部训练

Dans le *Taiji quan* le placement du bassin et des fesses est très important, il doit permettre l'alignement vertical du coccyx et établir un équilibre naturel entre *Shoutun* – rétroversion (fessiers rentrés) et *Fantun* – antéversion (fessiers ressortis vers l'arrière) ceci afin d'éviter que dans les mouvements le bassin soit en torsion sur les côtés ou que les fesses soient trop proéminentes vers l'arrière, le bassin perdant alors sa position naturelle entre l'antéversion et la rétroversion.

Il est fréquent chez le débutant qu'il porte une attention excessive au bassin en forçant intentionnellement la rétroversion ou l'antéversion, tout deux ne sont pas corrects. Si le bassin est forcé en rétroversion, non seulement la forme n'est pas élégante mais surtout la mobilité du bassin sera entravée, la position risque d'être par trop figée, rompant par là même l'alignement naturel du corps et aura une influence négative sur la qualité de la respiration, de plus la circulation du *Qi* entre le haut et le bas ne sera pas harmonieuse d'où une déstabilisation de la base.

Dans les pratiques de l'enchaînement ou des *Tuishou*, le positionnement en rétroversion-antéversion du bassin doit intervenir selon les conditions et circonstances du corps dans sa globalité et ne doit pas intervenir isolément de façon anarchique et rigide ; par exemple dans l'exécution du mouvement « Saisir le pan du vêtement », dans la détente musculaire et d'ouverture des articulations quand le *Qi* descend au *Dantian,* il convient que le bassin soit en antéversion naturelle, la taille est affaissée, le *Qi* pourra alors descendre sans entrave au *Dantian*. Si au contraire vous placez le bassin en rétroversion marquée, cela va gêner l'affaissement de la taille et empêcher le *Qi* de redescendre au *Dantian*, ou de couler dans les jambes pour atteindre la plante des pieds.

D'un autre côté dans le cadre d'un échange de *Tuishou* pendant lequel le partenaire vous tire en *Lu*, vous répondez par un temps de détente puis contre-attaquez en portant un coup d'épaule, là il convient de placer le bassin en légère rétroversion, car cela favorise la remontée de l'énergie venant du sol, circulant dans les jambes puis jusqu'au point d'application. Si vous êtes à ce moment plutôt en antéversion, cela nuira à l'efficacité de la frappe car l' énergie pourra difficilement se concentrer sur l'impact car le lien entre le haut et le bas sera en partie rompu. Mais ce temps de rétroversion doit être très bref pour aller dans le sens de la détente qui suit la sortie de force et le retour du *Qi*. La frappe d'épaule est explosive et intervient dans l'espace d'une ouverture et d'une fermeture comme un éclair, suivant le retour élastique de la force dans l'intervalle d'une seconde. Lors de la sortie de force, après un lâché de la poitrine, une flexion sur les jambes, vous pressez au sol avec le talon arrière, la réaction du sol et l'énergie interne remontent et circulent jusqu'à l'impact, s'il n'y a pas l'aide des fessiers en les rentrant pour aider l'action, la force n'ira pas loin, le *Qi* ne descendra pas assez et donc restera facilement au niveau de la poitrine, ce qui n'aura bien sûr aucun effet positif pour la stabilité des racines et pour la santé en général.

Ainsi dans votre pratique de la forme et des *Tuishou*, il convient d'être vigilant au placement juste du bassin, faute de quoi vous ne seriez pas sur le chemin correct.

2) Le placement des hanches *(Dangbu Xun Lian)*

二、裆部训练

Ce que l'on nomme *Dang* dans le *Taiji* fait référence à la région de l'entrecuisse entre les articulations des hanches *(Kua)*, la zone du plancher pelvien, il indique plus simplement l'articulation de la hanche, le pli inguinal ; les articulations des hanches doivent être très mobiles et libérées, elles sont alors dites « ouvertes » *(Kaidang)* ce qui donne une forme arrondie à l'entrecuisse *(Yuandang)*, si les hanches manquent de souplesse et sont maintenues rigides, les changements de direction et les adaptations seront malaisées et cela influencera négativement votre pratique des formes et du *Tuishou*.

L'ouverture et la fermeture, le vide et le plein de l'entrejambe, sont directement corrélés à la mobilité de tout le corps et au degré de variation du centre de gravité qui interviennent dans la pratique ; ainsi la force de pression vers le bas de l'entrejambe dépend de la mise en œuvre de la puissance du corps et de l'endurance ; la qualité de l'alternance du vide et du plein au niveau de l'entrejambe de l'exécution harmonieuse des déplacements et de la vitesse, et participe directement à l'intensité de l'explosion lors des *Fajing*.

Dans les pratiques des formes et des *Tuishou*, la maîtrise de l'harmonie entre l'énergie de l'entrecuisse et des mouvements est favorable à la vivacité du jeu du vide et du plein au niveau de la taille et des jambes, à la stabilisation de l'assise. Ainsi il est dit que si dans la forme ou dans les *Tuishou* vous ne bougez pas dans le bon timing ou ne trouvez pas d'opportunité, la solution doit être recherchée dans la taille et l'entrejambe. Chen Xin souligne que le soutien de l'ouverture et la fermeture de l'entrejambe est indispensable à la qualité des *Fajing ;* quand l'entrecuisse est en fermeture tout le corps est en phase de rassemblement et d'absorption, quand l'entrecuisse est en ouverture tout le corps est en phase d'ouverture et d'émission de l'énergie. Ainsi l'on peut dire que le travail au niveau de l'entrecuisse détermine dans la forme et les *Tuishou*, les temps de préparation ; de fermeture, d'absorption et d'émission. Les points clés d'un bon placement de l'entrecuisse sont importants, mais de plus ici il convient de se pencher sur le travail du périnée.

Dans les temps anciens il a été reconnu que la zone de l'anus et du point *Huiyin* était parmi les plus faibles du corps et pouvait influencer de nombreuses parties du corps et de la circulation, l'homme en devenant bipède, a vu la charge que supporte toute la partie périnéale « *Huiyin* » s'alourdir ; le reflux de la circulation sanguine vers le cœur devient moins évident. C'est pourquoi les anciens ont développé des techniques pour pallier la faiblesse naturelle de cette région, notamment les techniques de « fermeture de la porte de la terre » qui correspondent en fait à une remontée du périnée et de l'anus, cela a des effets incontestablement positifs sur l'organisme, mais dans le *Taiji quan* il convient d'en relativiser l'intensité. En effet il nous suffira dans la pratique de remonter légèrement le périnée sans forcer, ni bloquer la région, il faut maintenir le périnée proche d'une contraction naturelle, sinon une remontée excessive générera une remontée du *Qi* trop importante. Pour une pratique juste il convient d'aborder les points suivants :

1) L'arrondi de l'entrecuisse *(Yuandang)*

Il s'agit du résultat d'une ouverture des hanches, que vous soyez dans une répartition du poids du corps 30/70 ou 40/60, il convient de ménager cet arrondi garant de mobilité. Par exemple dans le Simple Fouet du *Laojia* le poids est à 70 % sur la gauche et 30 % à droite, le tibia de la jambe gauche pleine doit être vertical, les articulations du genou et de la cheville doivent être placées d'aplomb, la hanche droite doit rester détendue, le genou droit plutôt placé en ouverture, tandis que l'entrecuisse l'aine droite sont en fermeture, cela produit une énergie d'ouverture incluse dans la fermeture, cette opposition entre la fermeture de la hanche et l'ouverture du genou autorise la pression de la jambe dans toutes les directions, au niveau de l'entrecuisse il y a maintien de la fermeture dans l'ouverture, ouverture dans la fermeture et maintien de l'arrondi qui assure la descente du *Qi* dans les deux jambes, la solidité de la base, la souplesse et la mobilité des changements.

2) La raideur de l'entrecuisse *(Jingdang)*

Il s'agit du défaut majeur de maintenir une jambe en tension, ce manque de détente au niveau des jambes est fréquent dans les débuts de la pratique. Par exemple pour un bon placement dans le Simple Fouet, le genou de la jambe arrière reste en ouverture, la hanche droite est relaxée, la jambe droite en ouverture permet en abaissant le centre de gravité de maintenir l'ouverture de l'entrecuisse et de distribuer la pression dans toutes les directions.

Mais dans le cas de *Jingdang*, à l'inverse il est fréquent de ne pas maîtriser le lâché des hanches, la jambe arrière est alors trop tendue et la hanche contractée comme verrouillée. Si les hanches ne sont pas suffisamment ouvertes vous êtes obligé ; quand vous voulez tenter de détendre la jambe arrière, de ramener en vous abaissant la répartition du poids à 60/40 voire 50/50 passant ainsi à un *Mabu* au lieu d'une répartition à 30/70, dans ce cas l'on ne peut parler d'une énergie d'ouverture – fermeture au niveau de l'entrecuisse.

Ainsi l'on peut être amené à déformer le *Taolu*. Autrefois la méthode de transmission d'un *Taolu* passait d'abord par l'apprentissage rapide de la forme mouvement par mouvement, il n'était alors pas question d'analyser finement les placements et les principes, le débutant était livré à lui-même pour affiner sa technique. Or il est important de nos jours dans la pédagogie d'œuvrer dès le début à la diminution des erreurs, le maître a souvent beaucoup d'élèves autour de lui, la réussite de chacun est variable, dépendant des capacités, de la volonté et des facilités naturelles de l'élève, les résultats parfois médiocres ne sont pas liés au maître, l'enseignant n'a pas du tout de parti pris. Il convient aussi de se méfier d'un apprentissage trop rapide, l'élève mémorise rapidement, a tendance à aider les autres, ne réclame que peu la présence du maître, cela peut s'avérer une erreur dans le cas ou de mauvaises habitudes s'installent, l'on dit « enseigner la forme est aisé, la corriger est très difficile », ainsi quand les défauts sont solidement ancrés il est très difficile de se corriger, ainsi si un pratiquant se sent très à l'aise en forçant la hanche ou ne ressent pas le manque de mobilité d'une hanche bloquée, il est délicat de pouvoir le corriger. Ainsi il est important de veiller entre autre à l'installation d'un travail juste des hanches.

3) L'entrejambe en angle aigu *(Jiandang)*

Il s'agit d'un manque de décontraction et d'ouverture au niveau de l'articulation des hanches qui donne à l'entrejambe une forme en A, cela a des incidences négatives dans la forme et les *Tuishou*, l'entrejambe ne peut s'affaisser, et donc n'est plus arrondi, même la position de *Mabu* n'est pas claire, les déplacements sont souvent instables, le haut du corps est lourd, le bas léger, il est fréquent de se balancer sur les côtés, le posé de pied au sol n'est pas solide.

Ce travail peut être cependant acceptable pour des pratiquants d'un certain âge et de condition physique limitée qui ne visent que l'aspect prophylactique du *Taiji quan*, si ce défaut est rencontré chez un jeune pratiquant il perdra toute efficacité martiale.

Il y a aussi des pratiquants peu enclins à travailler bas, et à ouvrir les hanches, sinon ils souffrent et préfèreront remonter sur les jambes pour prendre plaisir à travailler haut. À la longue cela s'avère très négatif, la pratique du *Taiji* nécessite de discerner clairement le vide et le plein dans les membres inférieurs, si une grande partie du poids repose sur une seule jambe qui de plus est fléchie, que la répartition vide – plein n'est pas correcte, les changements seront lents, les muscles vont se fatiguer inutilement, car mal employés, pour les débutants les douleurs dans les jambes sont difficiles à supporter, par contre les pratiquants affûtés en *Changquan* pourront apprécier ce nouveau travail.

L'entraînement de fond du *Taiji* nécessite de l'endurance, ainsi sans une certaine préparation dans la pratique de la forme, si vous voulez tout de suite pratiquer les *Tuishou* vous allez rapidement ressentir des douleurs et des tremblements dans les bras et les jambes faute d'un *Gongfu* suffisant, c'est pourquoi il ne faut pas craindre de souffrir pour avancer.

Avec de la pratique le corps se renforce, les pores de la peau et les vaisseaux sanguins sont ouverts, la circulation du souffle et du sang s'améliore grandement, les traces de fatigue musculaire s'estompent. Si vous cherchez encore à travailler plus bas, les douleurs vont refaire surface mais avec un peu de persévérance elles disparaîtront de plus en plus rapidement au fur et à mesure que vous franchissez les paliers. Dans la pratique du *Taiji* il convient absolument d'acquérir l'ouverture des hanches et l'arrondi de l'entrejambe afin que dans votre forme ou dans les *Tuishou* ne sorte pas le défaut d'un entrejambe en A.

4) L'entrejambe écroulé *(Tongdang)*

Il s'agit ici du défaut qui consiste à avoir un écart des jambes trop grand et disproportionné, le centre de gravité est dispersé, l'entrejambe trop près du sol et affaissé mais ici dans le sens négatif de totalement écroulé ! Les changements de direction sont maladroits et perdent en élasticité. Nous savons que le *Taiji quan* doit mettre en œuvre une participation de tout le corps dans les mouvements, que cela repose sur la base d'une détente profonde, il peut être pratiqué par des personnes de tout âge et de toute condition physique, par des gens plutôt manuels ou plutôt intellectuels, mais la pratique doit respecter de grands principes.

Dans les débuts il convient en général de faire des mouvements plus grands pour libérer les articulations et détendre les muscles, mais après il faut tendre vers la diminution de l'amplitude des mouvements vers de petits cercles puis vers des cercles comme invisibles. l'ouverture de l'entrejambe doit se faire progressivement, au début il doit être recherché en position plutôt haute puis conservé en travaillant plus bas, mais cela doit être limité.

Il est fréquent dans les *Tuishou* de voir des pratiques trop basses avec un entrejambe écroulé, à la longue cela est néfaste pour les genoux, ils dépassent trop l'aplomb du pied et supportent trop le poids du corps, les muscles doivent maintenir des contractions importantes, les tendons sont trop sollicités, avec le temps la circulation devient difficile dans les jambes, les jambes deviennent lourdes et les genoux sont enflammés. Bien sûr dans l'enchaînement certains mouvements doivent être exécutés très bas mais cela ne doit pas devenir la règle pour tout le *Taolu*. Ainsi la marche à l'oblique et le coup d'épaule à 7 *cun* du sol nécessite cette capacité mais la pression sur les jambes est limitée, passagère, prise dans le mouvement. Ainsi il est des plus importants de ménager la physiologie durant la pratique pour ne pas se blesser et s'éloigner définitivement de la pratique.

Chapitre 6

Les différentes sortes de poussée des mains *Tuishou* en *Taiji quan* style *Chen* et leur contenu

第六章　陈式太极拳推手的种类及手型、步型、手法、步法

1) Introduction

一、推手的种类

Ici nous ne présenterons que 8 formes de *Tuishou*, il en existe beaucoup d'autres qui dérivent des formes de base et se répondent mutuellement, une défense est suivie d'une attaque, une attaque générera une défense, par exemple si l'on vous porte un coup d'épaule sur l'avant, vous appliquez d'abord un *An* puis contre-attaquez en coup d'épaule, quand vous utilisez ainsi la « frappe d'épaule qui ouvre la porte » *(Yingmen kao)* le partenaire peut aussi répondre par une percussion à la poitrine *(Xiongkao)*. Ainsi les transformations peuvent être sans limites et éventuellement être analysées et codifiées, mais l'éventail des formes de base est des plus importants, à savoir : le travail des cercles à une main, le travail des cercles à deux mains, l'étude du cercle vertical, l'étude du cercle horizontal, les 4 portes à pas fixe, les 4 portes en déplacement sur un pas, le *Dalu,* le *Tuishou* libre circulaire, les 8 portes sur 3 pas ou 5 pas.

Les bras sont employés avec les méthodes d'entraînement à un contact, à double contact, en enroulement de poignet et le tranché de la paume. Le *Tuishou* sans déplacement *(Dingbu)* exerce à l'enchaînement des 4 portes ; *Peng, Lu, Ji, An*, le *Tuishou* en déplacement *(Xunbu)* et le *Dalu,* exercent *Cai, lie, Zhou et Kao.*

Dans la succession des mouvements les quatre portes principales peuvent se développer sur les côtés en quatre portes secondaires, de même les quatre portes secondaires peuvent se développer en revenant dans le cercle des portes principales, la pratique ne doit pas rester figée, mais pour former la base il faut s'exercer avec méthode.

Les méthodes de jambes sont le travail à pas fixe, en déplacement, en enchaînant les pas vers l'avant et vers l'arrière, les déplacements circulaires, les pas entrant, le travail avec les pieds l'un à côté de l'autre, en équilibre sur une jambe, en position *Xubu* (pied avant avec pointe au sol)...

2) Les formes de la main dans les Tuishou *(Shouxin)*

二、推手中的手型

a) La paume verticale *(Li Zhang)*

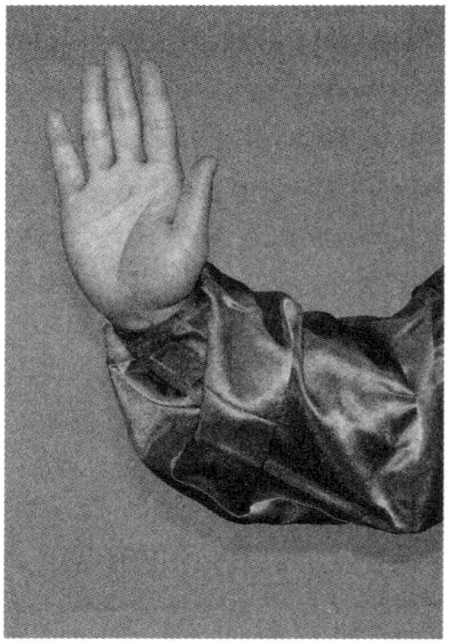

Fig. 6.1

Présentez un bras sur l'avant, pliez-le à 45°, la paume vers l'intérieur, les quatre doigts naturellement espacé sans tension au niveau de la première articulation des doigts, mais plutôt avec l'intention de recueillir, de refermer, le pouce lui est ramené près des autres doigts aussi avec l'intention de contenir, la paume prend la forme d'un nid, les doigts pointent vers le haut. Cette forme de main est utilisée au début des exercices, à la prise de contact, ou quand après avoir subi un *Lu* vous reculez d'un pas vous reprenez cette forme de main pour débuter un nouveau cycle. Mais cette forme de main ne doit pas durer trop longtemps, c'est plutôt une forme de transition, très utilisée par exemple dans le travail libre en déplacement circulaire entre les phases de supination et pronation, de pression et de rotation, elle sert souvent à bloquer, à verrouiller, à crocheter, à balayer (figure 6.1).

b) La paume tranchante *(Jie Zhang)*

Le bord cubital de la paume agit en coupant vers le bas ou à l'oblique vers l'avant et le bas. Son usage doit être coordonné avec une flexion sur les jambes, un lâché de la poitrine, l'affaissement de la taille, le lâché des épaules et des coudes, la flexion du poignet, la détente des doigts, alors l'énergie s'appliquera efficacement au tranchant, le point d'impact sera net (figure 6.2).

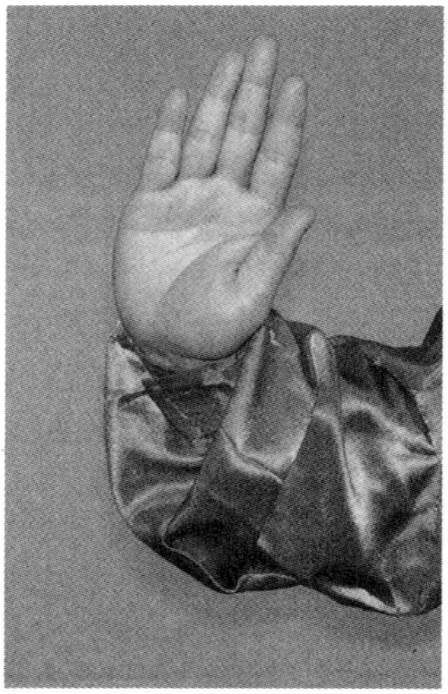

Fig. 6.2

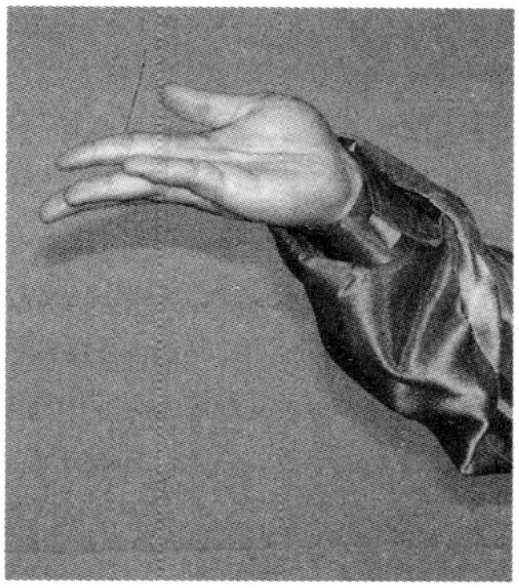

Fig. 6.3

c) La paume en tuile *(Walong Zhang)*

Cette forme intervient principalement dans les temps de supination lors des prises de contact et d'absorption, comme dans l'exercice à une main : après la prise de contact la main passe en rotation externe vers le bas ou l'extérieur, ceci à partir de l'enroulement du petit doigt, le pouce suit. Les trois doigts du milieu sont comme retournés vers l'extérieur, le creux de la paume est en forme de tuile. Cette forme est utilisée par exemple quand vous subissez un *Lu* ; vous répondez en remontant en supination dans une intention de percer pour transformer le *Lu* (figure 6.3).

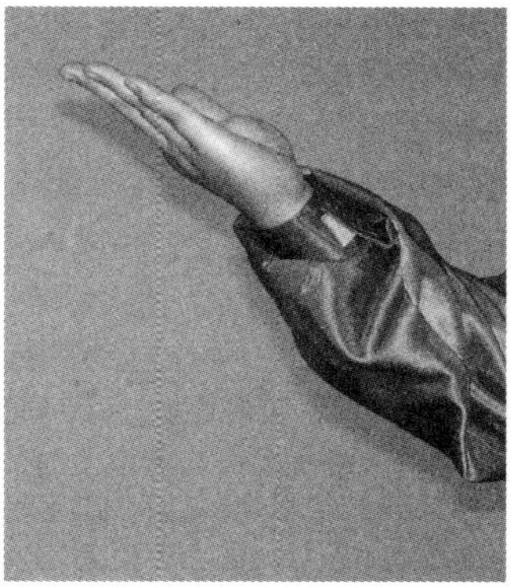

Fig. 6.4

d) La paume qui soulève en oblique *(Xietuo Zhang)*

Il s'agit d'une action de la paume en soulèvement, ni vers le haut ni vers le bas. Dans l'exercice du cercle horizontal à deux mains, il s'agit du temps de transition entre la supination et la pronation, quand vous êtes pressé par l'autre en position de supination près du corps, dans un premier temps vous marquez un soulevé à l'oblique avant de transformer en pronation. Cette forme se rencontre aussi dans le *Dalu* quand vous contrôlez le partenaire à l'extérieur du bras en pressant avec le tranchant mais la main est elle-même en soulèvement oblique (figure 6.4).

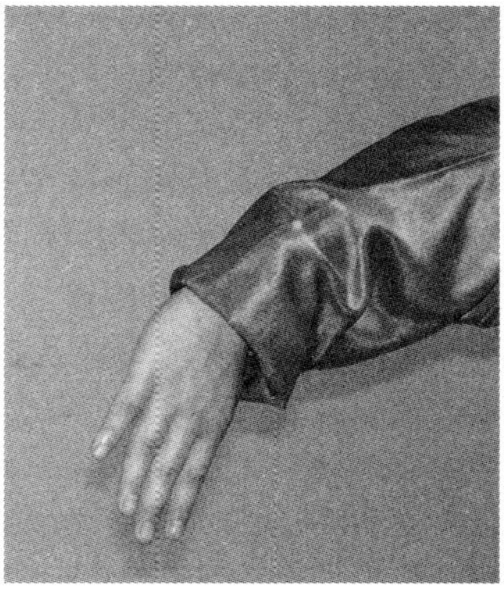

Fig. 6.5

e) La paume pénétrante *(Cha Zhang)*

C'est une attaque avec les doigts joints vers le haut, vers le bas ou en oblique, c'est une forme de main largement utilisée dans les *Tuishou* ; quand dans la pratique du cercle vertical à deux mains, la main qui plonge puis remonte en est un exemple, de même quand dans les 4 portes le partenaire vous tire en *Lu*, vous suivez d'abord avec une paume pénétrante puis entrez avec l'épaule ou le coude pour contre-attaquer en *Ji* c'est alors la paume pénétrante à l'oblique vers le haut (figure 6.5).

Fig. 6.6

f) La main en forme de caractère huit *(Bazi Shou)*

Ici le pouce et l'index sont ouverts en forme du chiffre huit chinois, c'est à dire en V inversé, cette forme est très employée dans les *Qinna* et le *Tuishou* à une main. Par exemple vous laissez venir le partenaire en pression devant votre poitrine qui applique *An*, alors le majeur, l'annulaire et l'auriculaire s'enroulent en fermeture, le pouce et l'index restent ouverts en V inversé, vous videz la hanche et utilisez cette forme de main pour neutraliser la poussée (figure 6.6).

3) Les formes de pas dans les *Tuishou (Bu Xing)*

、推手中的步型

a) Le *Gongbu* sur l'avant *(Qian Gong Bu)*

Les pieds reposent bien à plat au sol, la pointe du pied avant est légèrement fermée, les genoux sont mi-fléchis, le genou avant est d'aplomb avec la pointe du pied, la jambe arrière préserve une certain fermeture dans son extension, le genou est légèrement en pression à l'extérieur dans l'intention de presser dans toutes les directions, la pointe du pied arrière est en léger oblique vers l'intérieur, le point *Yonquan* est maintenu vide, l'entrejambe doit exprimer la fermeture dans l'ouverture (figure 6.7).

b) Le pas assis sur l'arrière *(Hou Zuo Bu)*

C'est le résultat du transfert du poids sur l'arrière à partir du *Gongbu* sur l'avant. Quand le poids est complètement passé sur l'arrière, la jambe avant est presque tendue, les pieds

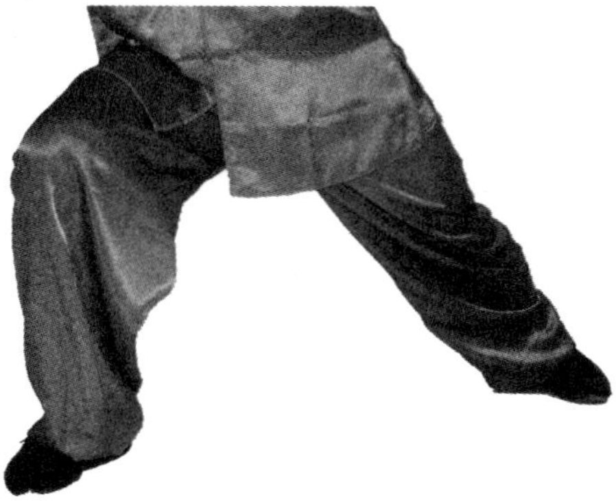

Fig. 6.7

Fig. 6.8

Fig. 6.9

Fig. 6.10

Fig. 6.11

sont bien à plat au sol, le genou de la jambe arrière est d'aplomb avec les orteils du pied, les orteils sont fermement agrippés au sol, le point *Yongquan* est vide, dans cette position la jambe avant est libre et peut se lever aisément (figure 6.8).

c) Le pas en demi appui sur l'avant *(Qian Dian Bu)*

Le talon avant est posé au sol, le pied est fléchi à 45°, cette forme de pas est largement utilisée dans les *Tuishou* ; dans le travail des cercles horizontaux, le partenaire vous presse en *An*, vous transférez le poids sur l'arrière en relevant la pointe du pied, le talon reste naturellement au contact du sol. Ce pas est aussi utilisé dans les *Tuishou* en déplacement, le *Dalu* et les déplacements libres (figure 6.9).

d) Le pas en demi-appui sur l'arrière *(Hou Dian Bu)*

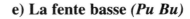

Il intervient dans les formes de *Tuishou* en déplacement, par exemple quand l'autre vous a tiré en *Lu* et que vous transformez, vous faites un pas sur l'arrière d'abord en posant la pointe du pied au sol, puis progressivement le plat du pied et le talon (figure 6.10).

Fig. 6.12

e) La fente basse *(Pu Bu)*

Ce pas intervient dans le *Dalu,* il s'agit d'un déplacement de grande amplitude, sur la base d'un grand *Gongbu* sur l'avant vous passez sur l'arrière la jambe avant collée au sol (figure 6.11).

f) L'appui sur une jambe *(Guli Bu)*

Il intervient dans les formes de *Tuishou* en déplacement, soit dans l'avance ou le retrait, une jambe se lève, l'autre jambe assure l'ancrage au sol (figure 6.12).

4) Les méthodes des mains dans les Tuishou *(ShouFa)*

、推手中的手法

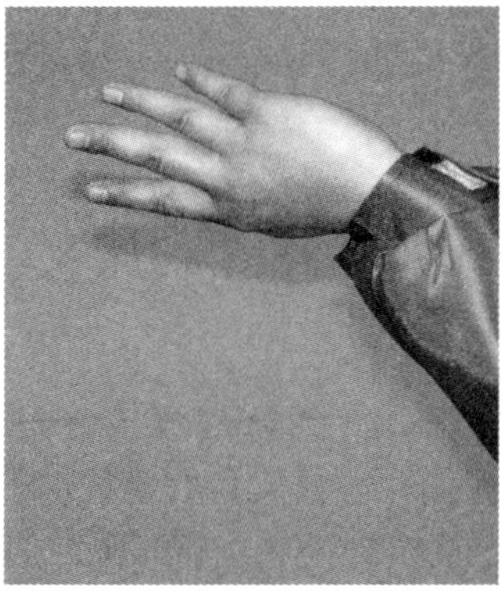

Fig. 6.13

a) La supination *(Shunchan)*

Il s'agit de vriller l'avant-bras en rotation externe, le mouvement spirale débute par le petit doigt qui tourne vers l'extérieur, les autres doigts suivent, le pouce est relié dans l'intention au petit doigt, les trois doigts médians sont comme retournés vers le dos de la main. Cette technique d'avant-bras est centripète, la main mobilise le coude, qui presse l'épaule qui influence la hanche, ceci afin de conduire et d'absorber l'attaque de l'autre, c'est une technique généralement en réception. Mais parfois elle est utilisée subitement dans les quatre portes secondaires, attaque en absorbant, comme dans le coup d'épaule avec le dos du début de la seconde partie *(Beizhe kao)* où l'adversaire vous tire et vous le pressez en *Ji* pour ensuite marquer un coup d'épaule cela se nomme « *Xunji Xunfa* » (figure 6.13).

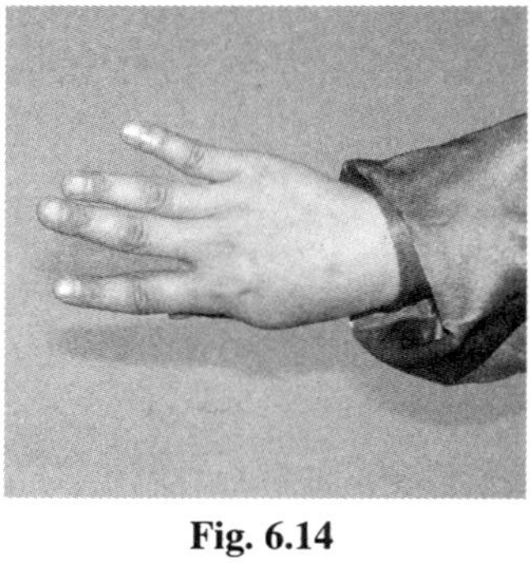

Fig. 6.14

b) La pronation *(Nichan)*

C'est la vrille inverse du précédent, la rotation de l'avant-bras débute cette fois par le pouce, le petit doigt répond, les trois doigts médians sont aussi en retournement vers le dos de la main. Il s'agit d'une technique centrifuge, l'énergie part d'un talon, remonte dans la jambes, dirigée à la taille, atteint les épaules, passe à l'omoplate et pénètre la moelle et s'exprime dans les bras jusqu'à la pulpe des doigts et le système pileux, elle retourne par la vrille inverse *Shun*. C'est une forme d'ouverture et d'attaque, l'épaule presse le coude qui entraîne la main (figure 6.14).

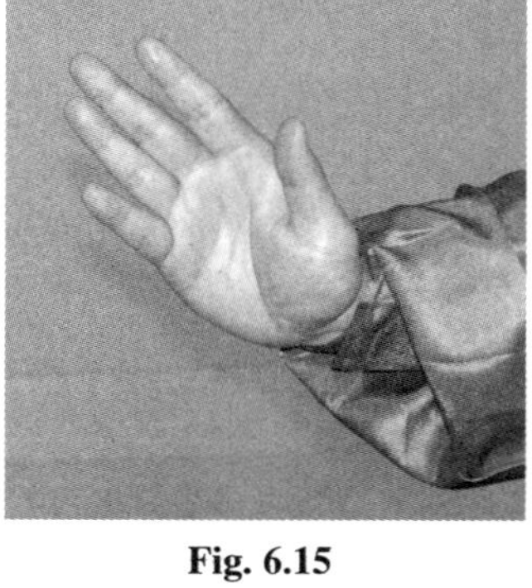

Fig. 6.15

c) La flexion du poignet en supination – pronation *(Shunni Zuowan)*

C'est une forme prise par le poignet dans la transition entre supination et pronation, par exemple dans l'exercice du cercle horizontal, vous sortez d'abord la main droite pour diriger en supination la main de l'autre vers votre gauche, puis vous passez en pronation vers le bas pour arriver sur votre droite avec une forme de main en V inversé, avant d'arriver sur la droite vous passez par un appui du poignet vers le bas. Le point d'impact de la force est à la base de la paume, il convient de bien lâcher la poitrine, affaisser la taille, relâcher les épaules et les coudes, alors l'impact sera précis (figure 6.15).

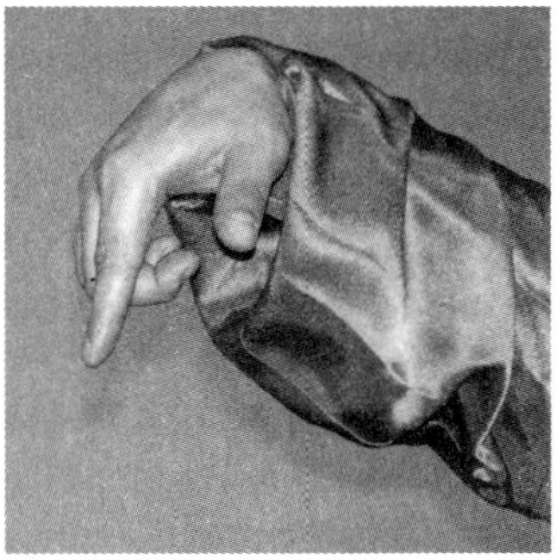

Fig. 6.16

d) Forme en crochet *(Gouwan)*

Cette méthode est en général employée dans les transitions entre pronation et supination. La formation du crochet débute par un mouvement vers le bas du petit doigt, de l'annulaire et du majeur, en même temps que le poignet fléchit sur l'intérieur, les trois doigts et le poignet formant contact, le pouce et l'index restent ouverts en V inversé. Cette forme a deux utilisations principales : dans le cas ou votre niveau en *Taiji* n'est pas encore suffisant et que dans les *Tuishou* vous êtes en difficulté pour coller et adhérer, perdant souvent le contact, vous pouvez utiliser le poignet en crochet pour mieux suivre les mouvements de l'autre et développer l'énergie d'écoute.

Dans le travail des cercles horizontaux, quand vous êtes en pronation sur la droite vous pouvez repasser en supination en formant le crochet pour saisir le bras du partenaire. D'autre part il est fréquent dans l'exercice des Quatre portes et du *Tuishou* en déplacement les deux partenaires prennent cette forme de main pour appliquer leur *Lu* (figure 6.16).

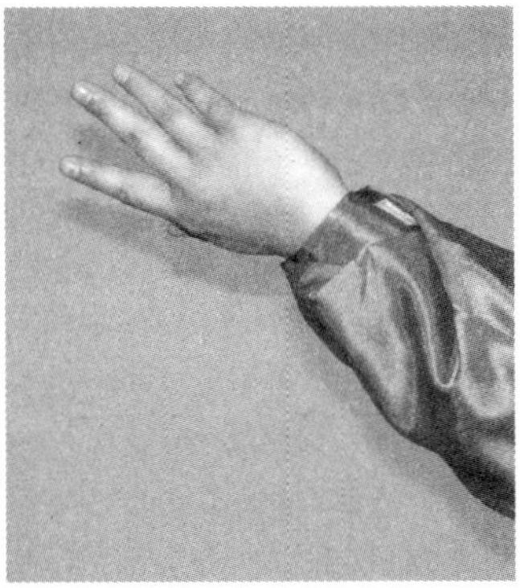

Fig. 6.17

e) La paume levée en supination *(Shunchan Yang Zhang)*

Il y a deux variantes du lever de la paume, vers l'intérieur et vers l'extérieur, ces formes interviennent dans les exercices des Quatre portes et des *Tuishou* en déplacement. Quand le partenaire vous applique un *Lu,* vous réagissez dans un premier temps de pronation par une détente accompagnant une paume plongeante, puis vous repassez en supination pour presser en *Ji*, la paume suit le pressé et remonte paume vers le haut paume déployée. Quand vous faites un pas de recul en contrôlant le bras du partenaire, vous êtes d'abord en pronation puis vous orientez la paume vers le haut et l'extérieur, en reculant de la sorte vous ménagez la flexion dans l'ouverture et l'étirement dans la fermeture. Dans les deux variantes cette forme de paume doit être utilisée en coopération avec tout le corps, car c'est une forme d'ouverture qui nécessite de garder une certaine fermeture, cela est tout particulièrement important dans les circonstances de combat (figure 6.17).

5) Les techniques de déplacement *(Bufa)*

、推手中的步法

Fig. 6.18

a) Le pas vers l'avant *(Shang Bu)*

Avant de faire le pas il convient d'être bien installé sur la jambe arrière, ainsi la sortie de la jambe sera légère et habile, comme dans la forme il faut sortir la jambe d'abord en se ramassant, reflétant le tigre qui va bondir sur sa proie, le posé du pied se fait par le talon avec l'idée de tester la solidité de la glace pour pouvoir se retirer en cas de danger (figure 6.18).

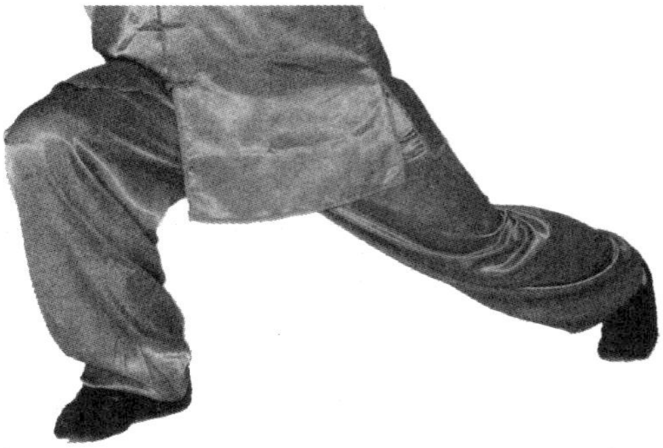

Fig. 6.19

b) Le pas vers l'arrière *(Tui Bu)*

Il s'agit de reculer d'un pas en dessinant un arrondi au sol, ou de pas de recul enchaînés. La jambe d'appui doit être bien ancrée au sol, de son degré de flexion dépendra la grandeur du pas, il est nécessaire de bien s'exercer à cela pour se déplacer vers l'arrière avec aisance, mais cela dépend aussi de la condition physique de chacun, il convient de ne pas trop forcer (figure 6.19).

c) Le pas suivi *(Gen Bu)*

Il s'agit de suivre un pas sur l'avant d'un demi-pas de la jambe arrière pour s'en rapprocher. Il est utilisé dans *Tuishou* en déplacement principalement pour se rapprocher du partenaire et éviter de perdre le contact, mais il convient de faire ce pas sans que l'autre le perçoive clairement. Ce pas s'inscrit dans les techniques qui font lien entre les mouvements et les déplacements de l'adversaire, c'est pourquoi il est des plus importants (figure 6.20).

Fig. 6.20

Chapitre 7

L'entraînement aux *Tuishou* en Solo (*Danren Tuishou*)

第七章　单人推手演练法

1) Présentation générale

一、单人推手简介

Il s'agit d'une des formes majeures d'entraînement au combat, dont la pratique est bénéfique pour développer sensibilité et capacité réactive. Elle améliore aussi l'ajustement de l'attitude corporelle et les capacités martiales. Il convient dans les débuts de s'exercer en position haute, puis moyenne et enfin en position basse, mais ceci en respectant les aptitudes de chacun.

De même il faut développer la vitesse de manière progressive en débutant par un travail lent, puis rapide et enfin par des mouvements vifs comme l'éclair ; mais dans la lenteur il faut veiller à ne pas se figer, d'être rapide mais sans être dispersé, et ne pas faire des gestes embrouillés dans la plus grande rapidité. Pour dire autrement ; dans la lenteur n'allez pas jusqu'à faire stagner les mouvements et perdre le contact, dans la recherche de vitesse veillez à ne pas perdre les 6 coordinations majeures internes et externes pour ne pas faire des gestes sans direction précise, quand vous abordez la vitesse ultime veillez au travail coordonné du haut et du bas du corps, sans forcer ni trop lâcher, dans l'action tout le corps bouge, dans le repos tout le corps se détend, ainsi vos gestes conserveront leur lisibilité.

Le travail de l'intention doit toujours être présent en toile de fond durant les exercices, il maintient sans bloquer, l'ouverture des omoplates, la détente des épaules, la précision des mouvements. Vous pouvez visualiser que vous êtes en contact très proche au-dessous de l'adversaire ; quand vous remontez il s'abaisse, quand il descend vous remontez, ainsi l'exercice peut devenir passionnant. Seule la pratique en solo permettra d'être à l'aise dans la situation avec le partenaire.

2) Le cercle horizontal à une main
(Danshou Pingyuan Wan Hua)

二、单人单手平圆挽花演练法

a– Debout en position préparatoire, les pieds un peu ouverts, les bras naturellement le long du corps, l'énergie présente au sommet du crâne, le regard au loin (figure 7.1).

b– Relâchez la hanche, levez le genou, la pointe du pied vers le sol fléchissez un peu sur les jambes et passez le poids graduellement sur la gauche, les orteils bien ancrés au sol, la plante du pied vide (figure 7.2).

c– Continuez la flexion de la jambe d'appui, la poitrine légèrement rentrée, le ventre rentré afin de stabiliser la position sur une jambe, la jambe droite fait un pas avec légèreté sur l'avant pendant que vous vous enracinez sur la gauche, le talon prend le premier contact au sol, la pointe du pied est levée (figure 7.3).

d– Prenez progressivement un *Gongbu*, en même temps que le poids passe sur l'avant le bras droit sort sur l'avant et fléchi ensuite à 45°, épaules et coudes sont relâchées, le poignet plié, la paume verticale. En même temps la main gauche vient se placer au côté gauche, pouce vers l'arrière, les quatre doigts vers l'avant, dans les mouvements qui vont suivre il est important de garder un lien avec l'intention entre la main droite et le coude gauche (figure 7.4).

e– Avec l'intention vous prenez un contact avec le bras droit de l'adversaire et tournez le buste à 90° sur la gauche en passant en supination, relâchez bien la hanche gauche, et soyez bien en appui au sol avec le bord interne du pied droit, la poids passe graduellement sur la gauche, en même temps le genou avant tourne sur l'intérieur pour accompagner le cercle de la main (figure 7.5).

Fig. 7.1

Fig.7.2

Fig. 7.3

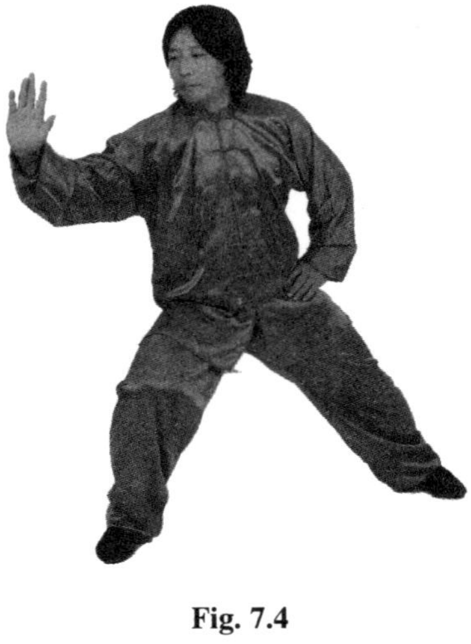
Fig. 7.4

Fig. 7.5

Fig. 7.6

Fig. 7.7

f– Passez en pronation, en poursuivant la rotation de 90° sur la gauche, amenez la paume à l'oblique vers le bas devant le côté gauche du corps, paume vers le sol, le poignet est plié à 45° vers soi, les quatre doigts et le coude suivent la rotation externe du petit doigt. Dans ce temps d'absorption le poids du corps est totalement transféré sur la gauche, il convient de fermer un peu le genou gauche pour augmenter la sphère d'absorption. le pied avant peut rester à plat au sol, ou lever la pointe du pied (figure 7.6).

g– Le petit doigt continue sa rotation externe pour amener la paume vers le haut, le pouce et l'index sont en V inversés. En même temps le corps s'assoie davantage, la poitrine est bien effacée, relâchez bien la partie droite de l'entrejambe, le bras droit suit la rotation de la hanche et tourne vers la droite jusque devant le côté droit. Il faut veiller à ce que le point d'application soit situé sur l'extérieur du pouce et de l'index pendant la rotation du bras sur la droite, ceci aidera à mener à bien la transformation de la poussée du partenaire. (figure 7.7).

h– La main droite passe en pronation en décrivant un arrondi sur la droite, le corps tourne de 90°, la paume vers le sol, le passage de la supination à la pronation est accompagné par le passage du poids sur la droite, le genou droit s'ouvre sur l'extérieur et spirale vers l'avant (figure 7.8).

i– En continue, la progression de la main sur l'avant la paume repasse en paume verticale dans une rotation vers la gauche, le bras est fléchi, vous repassez alors par la position de départ. Durant ce cercle de 360° les paumes ont enchaîné : supination, pronation, supination, pronation, supination, soit 3 supinations et 2 pronations.

Fig. 7.8

Fig. 7.9

Si vous faites le cercle dans l'autre sens le principe est identique sauf que les mains changent comme suit : pronation, supination, pronation, supination, pronation, donc dans ce sens il s'agit de 3 pronations et de 2 supinations. Il convient de s'exercer des deux côtés, mais il faut s'assurer que les mouvements des mains suivent ceux de la taille, la main guide l'énergie, épaule est taille sont détendues, les poignets habiles.

Le corps doit être mobilisé dans sa globalité : le bas suit le haut du corps, quand le bas bouge le haut guide l'énergie, la partie médiane du corps fait lien entre le haut et le bas, les temps de détente et d'action prennent en compte le corps dans son unité. Il est aussi possible de pratiquer avec pied gauche et main gauche devant (figure 7.9).

3) Le cercle vertical à une main
(Danshou Liyuan Wan Hua)

三、单人单手立圆挽花演练法

Dans ce travail le transfert du poids est moins important car il s'agit plutôt d'une dynamique verticale en rotation sur les côtés, ainsi l'on est principalement en appui sur l'arrière, un léger transfert de poids est suffisant. Sur la base de la détente des épaules et la mobilité des poignets, il s'agit en suivant les mouvements de la taille de faire des cercles dans le plan vertical pour développer l'énergie spiralée et l'écoute. Il est intéressant de progressivement augmenter l'amplitude du mouvement pour faire travailler tout le corps plus intensément mais cela selon les possibilités de chacun.

a– Placez dans un premier temps le poids sur la jambe gauche, puis faites un pas du pied droit sur l'avant. Sortez le bras doit sur l'avant à hauteur du visage, puis pliez le bras à 45°, la main gauche vient se placer à la hanche gauche comme dans l'exercice précédent, fléchissez sur la jambe arrière, le *Qi* descend, le regard est sur l'avant (figure 7.10).

b– Relâchez la hanche gauche et tournez le buste sur la gauche, la main droite passe en supination puis va à 90° sur la gauche, la paume orientée à l'oblique vers l'arrière et le haut dans l'intention de guider et dévier le contact du partenaire, en fait dans cet exercice il ne

Fig. 7.10

s'agit pas de déplacer les mains suivant un cercle vraiment vertical, le cercle se déporte sur les côtés, les actions sont dirigées dans les angles, le regard suit l'action de la main à l'oblique (figure 7.11).

Fig. 7.11

Fig.7.12

c– La main passe en pronation et se dirige vers le bas et remonte sur le haut et la droite en arc de cercle de 180°, puis repasse en supination en revenant de 90° sur la gauche pour reprendre la position de départ (figure 7.12). Si vous voulez changer de sens, passez d'abord en pronation pour tourner de 90° sur la droite, puis redescendez en supination et remontez dans un demi-cercle vers le haut et la gauche, les doigts en oblique vers le haut, puis repassez en pronation pour tournez de 90° à droite pour reprendre la position du départ. Veillez bien à bouger les bras à partir de la taille et du dos, suivant les montées et descentes en rotation du corps.

4) Le cercle horizontal à deux mains *(Danren Shuang Shou Pingyuan Wan Hua)*

四、单人双手平圆挽花演练法

Fig. 7.13

a– Tenez vous debout en position préparatoire, le corps détendu, le regard sur l'avant (figure 7.13).

b– Fléchissez les bras à 90°, les paumes en vis-à-vis, le poids passe graduellement sur la gauche et levez le pied droit, la pointe du pied vers le sol (figure 7.14).

Fig. 7.14

Fig. 7.15

Fig. 7.16

Fig. 7.17

c– Fléchissez sur la jambe d'appui et faites un pas du pied droit sur l'avant, en même temps vous abaissez les paumes toujours en vis-à-vis en préparation devant le ventre, vous prenez une attitude de rassemblement pour une sortie de force (figure 7.15).

d– Relâchez la hanche droite pour donner à la gauche, passez le poids sur l'avant en poussant sur l'avant avec les paumes, il faut arrêter la poussée avant de se pencher vers l'avant (figure 7.16).

e– Puis les mains se séparent sur les côtés du corps pendant que le poids passe sur la jambe arrière, vous aidez le mouvement en imaginant que vos paumes crochètent les poignets du partenaire. (figure 7.17).

f– Quand le poids est bien sur l'arrière, les bras reviennent en arrondi, puis les mains se replacent en paume verticale devant le ventre, relâchez à nouveau la hanche droite et repassez en poussée avant.

5) Le cercle vertical à deux mains *(Danren Shuang Shou Liyuan Wan Hua)*

五、单人双手立圆挽花演练法

Il s'agit dans un cercle vertical de travailler l'alternance supination *Shunchan*– pronation *Nichan*, soit en montant et en écartant vers le haut ou en refermant et appuyant vers le bas, les mains remontent en pronation, elles y restent jusqu'au moment où elles redescendent sur les côtés à hauteur d'épaule, alors elles passent en supination pour redescendre sur les côtés du ventre. Que vous tourniez de l'intérieur vers l'extérieur ou de l'extérieur vers l'intérieur, il s'agit toujours d'un cercle en partant d'une pronation suivie d'une supination.

Fig. 7.18

Fig. 7.19

Fig. 7.20

a– Faites un demi-pas du pied droit et élevez les bras des deux côtés en les pliant à 90° jusqu'au niveau de la taille, les paumes en vis-à-vis, pointes des doigts vers l'avant. En même temps lâchez la poitrine, affaissez la taille, enfoncez les épaules et les coudes, le *Qi* descend, les orteils du pied arrière sont bien ancrés, le regard est sur l'avant (figure 7.18).

b– Amenez les mains en supination pour se croiser sur l'avant, la main gauche contre l'intérieur du poignet droit, les paumes tournées vers soi. Le mouvement est soutenu par l'intention de soulevez vers le haut puis de croiser, le pied arrière fait pression au sol et le poids passe sur l'avant, la poitrine continue de s'effacer, le dos est en expansion, les coudes sont légèrement en fermeture, l'énergie atteint alors le bord interne du dos des mains (figure 7.19).

c– Les mains passent en pronation en remontant au niveau de la tête, les paumes vers l'avant, puis toujours en pronation, les mains font une ouverture sur les côtés et redescendent en arrondi à la hauteur des épaules. En même temps que les mains montent le poids doit être complètement sur le pied avant, au moment d'ouvrir sur les côtés il faut d'abord veiller au rentré de la poitrine, le mouvement concerne d'abord les épaules puis se déploie dans le bras et l'avant-bras, jusqu'aux doigts pour exprimer un *Peng* de chaque côté, les mains sont soutenues par l'intention de bander un arc (figure 7.20).

Fig. 7.21

d– Les mains descendent alors en arc de cercle sur les côtés du ventre, les paumes sont alors en vis-à-vis, les doigts à l'oblique vers le bas en forme de paume plongeante, à ce moment le poids est repassé sur l'arrière, les mains sont en préparation pour refaire une nouvelle ouverture. Vous pouvez travailler avec l'autre jambe. (figure 7.21).

6) Les Quatre portes à pas fixe
(Danren Hebu Tuishou)

六、单人合步推手演练法

Cet exercice repose sur les Quatre portes *Peng*, *Lu, Ji et An* ; il faut vous exercer en imaginant le partenaire en restant très détendu et enchaîner les cercles de façon très coulée. Les mains, les pieds, le regard et le travail du buste doivent être harmonieux et garder leur potentiel martial, tout en privilégiant une force souple dirigée par l'intention « *Jing* »sur la force musculaire brute « *Li* ».

a– Faites un pas du pied droit et portez y le poids en même temps que le bras droit monte du côté droit, s'allonge puis se fléchit à 45°, la main gauche vient horizontalement se placer paume vers l'avant contre le bras droit, pouce vers le bas, petit doigt vers le haut, la paume de la main droite est vers l'intérieur, le bras gauche est soutenu par l'intention d'un *Peng* vers l'extérieur, le regard est sur l'avant (figure 7.22).

b– Relâchez la hanche droite et tournez le buste sur la droite, le poids du corps passe d'abord sur la gauche puis revient à droite, au niveau du bras relâchez bien l'épaule et abaissez le coude, pliez le poignet sur l'intérieur, la main droite en supination paume vers l'intérieur passe en pressé *(Ji)*, la main gauche passe en pronation, se place contre l'intérieur du bras droit pour appuyer son action (figure 7.23).

c– Élevez les deux mains en pronation, d'abord la gauche puis la droite, la main gauche remonte avec l'intention de venir intercepter un bras puis enchaîne avec *Peng* vers le haut pour finir son action en *Lu*, pendant ce temps la main droite remonte paume vers l'extérieur comme pour venir contrôler le bras du partenaire au dessus du coude, puis vient assister le *Lu* de la main gauche sur la gauche, la main droite s'arrête au niveau du milieu du pectoral droit, pendant que vous marquez le *Lu* relâchez bien la hanche gauche et passez le poids sur l'arrière, le regard est sur la main droite (figure 7.24).

Fig. 7.22

Fig. 7.23

Fig. 7.24

Fig. 7.25

d– Relâchez la hanche droite et suivant le mouvement du haut du corps transférez le poids sur la droite, tournez le buste à droite, pendant ce temps la main gauche descend de la gauche pour appuyer en *An* vers le bas un bras imaginaire du partenaire, puis le dégage sur l'extérieur, la main droite elle écarte en pronation vers le haut et la droite (figure 7.25).

Fig. 7.26

e– La main gauche remonte après avec poussée sur le côté droit, puis avec les deux mains paumes en vis-à-vis marquent un *An* sur l'avant, les mains sont espacées d'environ 30cm, le point d'application est au niveau des tranchants des mains, le passage complet du poids sur l'avant accompagne la poussée, le regard se porte sur l'avant. Après son *An,* la main gauche revient se placer contre l'intérieur du bras droit, puis vous répétez les différents temps en continuité. Exercez vous aussi jambe gauche en avant, les bras tournent dans l'autre sens (figure 7.26).

7) *Tuishou* en déplacement en solo (*Danren Xunbu Tuishou*)

七、单人顺步推手演练法

Le travail des bras est le même que dans le *Tuishou* à pas fixe, ici il s'agit de faire un déplacement avant arrière sur un pas. Vous avancez sur presser *(Ji)* et pousser *(An)* et reculez sur parer *(Peng)* et tirer *(Lu)*.

Fig. 7.27

a– Faites un pas du pied droit sur l'avant et portez y le poids, en même temps les tranchants des deux mains se présentent sur le côté droit en *An*, pendant que vous marquez le *An* le bord interne du pied gauche presse au sol, l'énergie de la taille descend, la poitrine est effacée, épaules et coudes bien lâchés, le regard est sur l'avant et la droite (figure 7.27).

b– Après le *An* la main gauche vient en appui contre le bras droit, pouce vers le bas, petit doigt en haut, paume vers l'avant, en même temps la main droite en

Fig. 7.28

Fig. 7.29

Fig. 7.30

pronation plonge vers le bas, le coude remonte dans l'idée d'armer son action vers le bas, le poids passe sur la gauche, la jambe droite se ramène et se lève, veillez bien à ce que le *Qi* ne suive pas la remontée (figure 7.28).

c– Fléchissez sur la jambe d'appui et avancez le pied droit, en passant le poids sur l'avant la main gauche passe en supination et remonte, l'intention est dans un pressé vers l'avant du bras et de l'épaule (figure 7.29).

d– Après le *Ji*, relâchez bien la hanche gauche, passez le poids sur la gauche, en même temps la main droite passe en pronation et garde un contact vers le haut, puis le pied droit recule d'un pas en posant d'abord la pointe du pied au sol. Pendant la montée de la main droite, la main descend à gauche dans un premier temps puis revient par l'arrière et la gauche vers l'avant pour se joindre à la main droite pour marquer un *Lu,* le regard est sur l'avant droit. (figure 7.30)

Fig. 7.31

e– Relâchez la hanche gauche et passez le poids sur la gauche, abaissez la main droite et tournez sur la gauche dans l'intention de dégager sur la gauche le bras droit du partenaire (figure 7.31) puis la main droite remonte et vient soutenir la main gauche pour marquer un *An* vers l'avant avec les deux tranchants, le regard se porte sur l'avant gauche (figure 7.32).

Fig. 7.32

Fig. 7.33

Fig.7.34

Fig. 7.35

f– Le temps de poussée en *An* de la main droite est très bref, puis la main revient en pronation se placer au contact du bord interne du bras gauche, pouce vers le bas, paume vers l'avant, ce temps est aussi bref, l'action principale est celle d'enchaîner en *Lu*, le regard est sur la gauche (figure 7.33).

g– La main gauche passe d'abord en pronation puis en supination vers le bas et la gauche, puis fait un cercle vers le bas, puis remonte se placer à la verticale pour assister le *Lu* de la main droite, les mains sont séparées d'environ 33 cm. Veillez à maintenir un étirement entre le haut et le bas du corps à partir de la taille (figure 7.34).

h– Levez le pied droit et faites un petit pas vers l'arrière puis repassez le poids dessus pendant que vous fléchissez davantage sur les jambes, les mains poursuivent leur *Lu* de la gauche vers la droite, la main gauche s'arrête devant le milieu de la poitrine, le regard est sur le côté gauche (figure 7.35).

i– Remontez sur les jambes et passez le poids sur la gauche puis le pied droit presse au sol et fait un pas vers l'avant, en même temps le bras droit suit l'avancée du pied droit et se présente sur l'avant puis se plie à 45° sur l'avant et la droite du corps. En même temps que le bras droit avance la main gauche vient se placer contre le bras droit pouce vers le bas, puis le poids passe sur la droite, le regard est sur l'avant et la droite (figure 7.36).

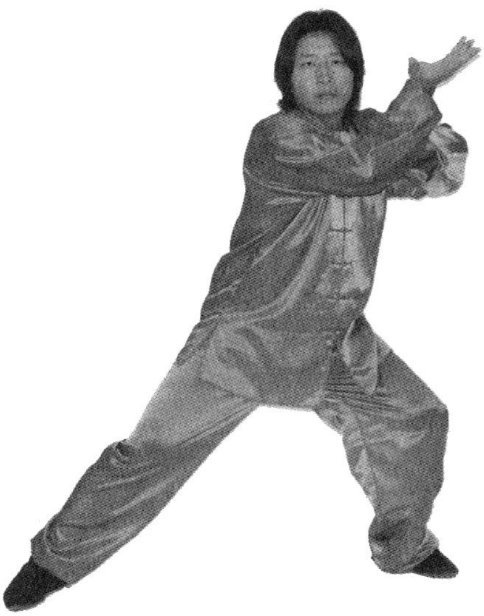

Fig. 7.36

j– Le poids continue de s'installer sur l'avant pendant que le bras droit se relâche et marque un pressé en *Ji* sur l'avant, appuyez bien le

Fig. 7.37

Fig. 7.38

pressé par un enfoncement de l'énergie de la taille, d'abord à gauche puis à droite, le regard est sur l'avant droite (figure 7.37).

k– Relâchez la hanche gauche et passez le poids sur l'arrière, les mains enchaînent leur pressé par un *Lu* sur la gauche, main droite devant, gauche en retrait, la main droite s'arrête devant le milieu du pectoral droit, le regard toujours sur la droite (figure 7.38).

l– Lâchez la hanche droite et reportez le poids sur l'avant pendant que la main gauche descend et dégage sur la droite, le regard est sur le côté droit (figure 7.39).

m–Puis la main droite remonte en *An* vers l'avant, (figure 7.40) puis vous recommencez la série en plongeant avec la main droite et levez le pied pour enchaîner un pas vers l'avant.

Fig. 7.39

Fig. 7.40

Fig. 7.41

Fig. 7.42

8) Le Grand Tiré en solo Dalu
(Danren Dalu Tuishou)

八、单人大捋推手演练法

Le *Dalu* (littéralement Grand Tiré) est construit sur la base des Quatre portes qui s'enchaînent dans le *Tuishou* à pas fixe et en déplacement sur un pas, l'exercice permet d'exprimer les portes *Cai, Lie, Zhou* et *Kao*, sa pratique est importante pour développer l'efficacité martiale du *Taiji quan.*

L'amplitude des mouvements est importante, aussi il n'est pas aisé de placer les Quatre portes secondaires, seule une solide base en *Taiji* et une longue pratique des *Tuishou* en solo peut permettre une réalisation. Dans les débuts si l'on travaille très bas l'on se retrouve maladroit et bloqué, le partenaire peut facilement vous mettre en difficulté, ainsi il faut d'abord s'exercer à la pratique des *Taolu,* puis à celle des divers *Tuishou* en solo, quand l'on maîtrise la gestuelle des mains et la logique des déplacements, l'on peut pratiquer les cinq formes de *Tuishou.*

La pratique du *Taiji* est analogue à la lecture d'un livre, on avance à l'intérieur de façon progressive, ainsi il est important de respecter les étapes et de saisir la théorie qui sous-tend le *Taji quan.*

Nous ne répéterons pas ici les différents temps du *Dalu*, en effet ils sont analogues au *Tuishou* en déplacement précédemment étudié, seule l'amplitude des mouvements diffère, sont illustrés ci-après le temps où vous tirez en *Pubu* (figure 7.41) sur fente arrière basse, et le temps où vous êtes tiré par le partenaire en position de grande fente avant basse (figure 7.42).

9) *Tuishou* en déplacement libre en solo *(Danren Luan Cai Hua, Tuishou)*

九、单人乱采花推手演练法

Luan cai hua (« faire des cercles dans la « confusion ») se nomme aussi *Sanbu* (les pas libres), ou *Hua jiaobu* (les pieds fleuris), l'exercice repose sur l'enchaînement des portes mais les changements de direction et les déplacements sont laissés libres. Il faut cependant veiller aux points suivants.

1– Les déplacements sont plus petits, la gestuelle des bras plus concise, il est fréquent d'utiliser le pas suivi pour continuer de coller le partenaire dans ses changements de direction imprévus, il faut aussi veiller à ne pas se trouver en situation d'opposition des forces, la figure 7.43 illustre le pas suivi.

2– Comme les pas sont petits et rapide, l'enchaînement des Quatre portes est aussi de petite amplitude, mais il ne faut pas se contenter de rechercher la vitesse, il faut veiller à ne pas devenir confus et d'utiliser trop de force, les portes perdant alors de leur lisibilité.

3– C'est un exercice qui vise à développer le niveau d'écoute de suivi du partenaire, car ses changements de direction ne sont pas codifiés, l'exercice se rapproche davantage de la situation de combat réel. Il convient de rester léger et pesant en même temps de tenter de surprendre le partenaire et le mettre en difficulté, c'est un exercice des plus importants pour mieux connaître ses propres failles et celles d'un partenaire. Vous pouvez débuter par les mêmes déplacements que la forme sur un pas, puis vous déplacez en cercle, en général on s'exerce en position haute.

Fig. 7.43

Chapitre 8

Pratique des *Tuishou* avec partenaire (*Shuangren Tuishou*)

第八章　双人推手演练法

1) Introduction

一、双人推手简介

Il s'agit d'exécuter les mouvements précédemment abordés en solo avec un partenaire, il convient de s'entraîner différemment suivant le niveau ; au début de l'apprentissage il faut aborder la pratique lentement avec précision, et gagner en vitesse progressivement, il faut aussi commencer par travailler en position haute puis intermédiaire et enfin expérimenter les exercices en position basse, il est aussi important de répéter longuement les mouvements les plus simples, et enfin au travers des pratiques des *Tuishou* en déplacement et libres de développer les qualités d'adhérer, coller, lier et suivre.

Comme il est question de s'exercer à deux, le niveau du partenaire est important, ainsi il vaut mieux en général vous entraîner avec un partenaire sensiblement du même niveau que vous, cependant si vous voulez progresser plus rapidement il est bon de rechercher des partenaires plus avancés. Si les deux partenaires sont de bon niveau tous les deux l'échange sera très élégant et dégagera une certaine maîtrise.

Le *Tuishou* est plus qu'une forme de « gymnastique », de loisir, d'exercice de santé, il est un entraînement au combat des plus importants. Dans le travail en solo il est bon de visualiser un partenaire, de même dans le travail à deux il est bon d'être aussi à l'aise que s'il n'y avait pas de partenaire. Les *Tuishou* sont un des composants essentiels du *Taiji quan*, ci-après nous étudierons en détail les différentes formes d'exercices en espérant que cela permettra d'en maîtriser les points essentiels.

2) Le cercle horizontal à une main
(Shuangren Pingyuan Wan Hua)

二、双人单手平圆挽花演练法

Pour en faciliter la compréhension, nous avons convenu que le texte se rapportant à **A** garderait l'écriture en romain et le texte se rapportant aux actions de **B** serait en écriture italique comme suit.

a) **A** (en tenue foncée) et **B** (en tenue claire) se font face, le corps droit, les pointes de pieds légèrement ouverts en forme de V, les bras relâchés le long du corps, pour ajuster la distance qui les séparent **A** et **B** tendent les bras l'un vers l'autre pour mettre leurs poings en contact, le regard est sur l'avant (figure 8.1).

b) **A** et **B** font un pas vers l'avant avec le pied droit et transférent le poids dessus, les deux pieds avant sont séparés d'environ 10 cm. En même temps chacun présente son bras droit et prend contact avec le dos de la main de l'autre, les doigts au niveau du nez, la main gauche vient se placer sur le côté gauche en suivant naturellement la rotation (figure 8.2).

c) ***B** déplace sa main à partir de la ligne médiane à 90° vers la gauche de* **A** *puis descend de 90°en pronation vers le ventre de* **A**, ce dernier garde le contact. Durant le mouvement circulaire **A** transfert son poids sur l'arrière et fléchit davantage sur

Fig. 8.1

Fig. 8.2

Fig. 8.3

Fig. 8.4

les jambes en prenant une attitude de rassemblement de l'énergie, ***B** continue de passer le poids sur l'avant, sa main droite appuie en An, les regards se portent sur l'action des mains* (figure 8.3).

d) **A** relâche la hanche droite, il passe en supination et sa main va à 90° sur la droite, puis repassant en pronation elle presse vers le ventre de **B** par un mouvement de 90°, *pendant que **A** fait son mouvement sur la droite, **B** replace son poids sur l'arrière, il garde bien le contact avec la poussée de **A** jusque devant son ventre*, puis **A** et **B** répètent les différents temps (figure 8.4).

3) Le cercle vertical à une main *(Shuangren Liyuan Wan Hua)*

三、双人单手立圆挽花演练法

a– La position de départ est similaire que dans la forme précédente, la prise de contact est plus haute (figure 8.5).

b– ***B** déplace sa main d'abord vers le haut puis vers le côté gauche de 90°*, **A** suit le mouvement en supination. **A** et **B** remontent un peu sur les jambes puis redescendent en accompagnant les mains qui s'abaissent en pronation dans un quart de cercle vers le bas jusqu'au

Fig. 8.5

Fig. 8.6

Fig. 8.7

niveau du ventre, les mains sont l'une sur l'autre, les regards sont dirigés sur l'avant (figure 8.6).

c– **A** relâche la hanche droite et tourne sur la droite, passe progressivement en pronation pour conduire la main de **B** dans un quart de cercle sur le côté droit, puis remonte en supination d'un quart de cercle vers le haut, puis **A** et **B** repassent par la position de départ, pendant que **A** presse sur le côté droit, ***B** efface sa hanche gauche en suivant la rotation de **A** sur la droite, les regards sont sur la droite de **A**,* puis **A** repasse en supination et le cercle se répète (figure 8.7).

4) Le cercle horizontal à deux mains

四、双人双手平圆挽花演练法

a– **A** et **B** se font face et avancent leur pied droit, le talon prend le premier contact au sol, les orteils sont levés, le poids est sur la jambe arrière, le poids passe ensuite graduellement sur l'avant. **A** élève ses mains en paume verticale devant la poitrine, ***B** fait de même pour prendre contact avec **A** sur l'extérieur de ses mains.* À ce moment **A** et **B** expriment l'intention de se garder avant d'attaquer. Chacun au moment de la prise de contact veille à bien affaisser l'énergie de la taille, au lâché de la poitrine, et à la détente des épaules et des coudes, le regard est sur l'avant (figure 8.8).

Fig. 8.8

Fig. 8.9

Fig. 8.10

b– **A** relâche la hanche droite et passe le poids sur l'avant, les mains en pronation, il applique *An* jusqu'à environ 20 cm de la poitrine de **B**. ***B** est à l'écoute de l'énergie de **A** et passe le poids sur l'arrière pour s'éloigner de la poussée de **A**. En même temps **B** passe en supination et avec les petits doigts il crochète les poignets de **A** et adhère à la pression de **A** jusqu'à sa poitrine* (figure 8.9).

c– **A** transforme sa poussée vers l'avant en ouverture, les mains en pronation, il écarte les bras de **B** vers l'extérieur à hauteur d'épaule. ***B** est lui à l'écoute de la vitesse de la poussée et de la séparation de **A**, pendant l'ouverture il doit veiller à garder la poitrine à l'aise plutôt en légère expansion* (figure 8.10).

d– **A** repasse en supination et ramène les mains sur l'intérieur dans un arc de cercle, il passe le poids sur l'arrière, avec les petits doigts il contrôle en crochetant légèrement les poignets de **B** vers les côtés en repassant le poids sur l'avant, puis les partenaires reviennent à la position initiale (figure 8.11).

Fig. 8.11

Fig. 8.12

Fig. 8.13

5) Le cercle vertical à deux mains

五、双人双手立圆挽花演练法

a– **A** et **B** se font face et avancent le pied droit, les bords internes des pieds en vis-à-vis à une distance d'environ 10 cm, en même temps ils prennent contact par les tranchants des mains devant la poitrine, ***B** place ses mains à l'extérieur*, les mains sont à la hauteur des épaules, les regards sont posés vers l'avant (figure 8.12).

b– **A** passe en pronation et transfère le poids sur l'avant, il entraîne les bras de **B** d'abord vers le haut puis vers l'arrière dans un cercle sur le plan vertical, pour les amener sur les côtés à hauteur d'épaule. ***B** suit le mouvement de **A** et laisse sa poitrine prendre une certaine expansion, son poids passe progressivement sur l'arrière*, les regards surveillent la gauche et la droite (figure 8.13).

c– **A** passe en supination et contrôle en crochetant légèrement les poignets de **B** pour les diriger en arc de cercle jusque devant le bas-ventre (**A** est à l'extérieur et **B** à l'intérieur) en même temps il transfère son poids sur l'arrière. ***B** suit le mouvement vers le bas et passe le poids sur l'avant, les regards se portent sur l'avant* (figure 8.14).

Fig. 8.14

d– **A** continue en supination, les mains à nouveau ramenées au niveau de la poitrine, les paumes vers l'intérieur, les doigts dirigés à l'oblique vers le haut, le corps s'abaisse dans l'intention de répéter l'ouverture. ***B** suit au mieux le mouvement, à l'écoute des changements de direction, il repasse le poids sur l'avant, les regards sont sur l'avant. Puis **B** passe en*

Fig. 8.15

Fig. 8.16

pronation pour écarter et revenir à la position de départ. **A** et **B** à tour de rôle font le mouvement d'ouverture avec fluidité.

6) Tuishou de base (Quatre portes, Hebu)

六、双人合步推手演练法

a– La positon de départ est similaire à celle de l'exercice du cercle vertical, **A** et **B** avancent le pied droit, les pieds à la même hauteur séparés d'une dizaine de cm, le contact au sol se fait par le talon, le pied prend appui progressivement et le poids passe sur l'avant, la prise de contact se fait au niveau du dos de la main droite, le regard est sur l'avant (figure 8.15).

b– **A** passe bien en appui avant et la main droite en supination va sur la gauche, la main gauche vient en contact au bras droit, paume vers l'extérieur et pouce vers le bas, les deux mains appliquent un *Peng* vers l'extérieur. ***B** suit l'action en prenant contact avec la main gauche au niveau du bras droit de **A**, la main droite appuie en An l'action de la main droite de **A** puis remonte presser en An vers l'avant au niveau de l'avant-bras gauche de **A**, **B** marque donc un An avec les deux mains.* (figure 8.16).

c– **A** remonte la main gauche en *Peng* pour dévier le *An* de **B**, puis sa main droite en venant du bas remonte prendre contact au niveau de l'avant-bras gauche de **B**, puis progressivement passe de *Peng* à *Lu* vers la gauche. En même temps il relâche bien la hanche gauche et transfère le poids sur la gauche. ***B** ramène sa*

Fig. 8.17

Fig. 8.18

*main droite sous l'action du Peng de **A** et vient la placer contre son bras droit* (figure 8.17).

d– ***B** applique un pressé Ji vers **A***, ce dernier suit et marque un *An* vers le bas avec la main droite, puis vers l'avant et le haut contre le bras droit de **B**, la main gauche suit l'action de *An,* le poids repasse sur l'avant, ***B** passe alors en Peng*. (figure 8.18).

e– ***B** enchaîne en marquant un Peng sur le bras gauche de **A** puis passe en Lu*, **A** ramène sa main gauche pour la placer contre son bras droit, puis l'exercice recommence.

7) *Tuishou* en déplacement *(Xunbu)*

七、双人顺步推手演练法

a– **A** et **B** se font face, ***B** avance le pied droit et forme un Gongbu, en même temps il présente le bras droit sur l'avant et le plie à 45°, il place sa main gauche contre son avant-bras droit paume vers l'extérieur. En même temps **B** fait un pas du pied gauche et le place à l'extérieur de la jambe droite de **A**, les genoux sont en contact* (**A** à l'intérieur, ***B** à l'extérieur*), *il place sa main droite à l'extérieur de la main droite de **A**, sa main gauche vient au contact du bras droit de **A** et vient coller sa main gauche pour que les mains soient croisées* (figure 8.19).

Fig. 8.19

Fig. 8.20

Fig. 8.21

b– **A** relâche la hanche droite et tourne le buste sur la droite, le poids du corps reste sur la droite, ses mains passent en supination et appliquent *Peng* vers l'extérieur. *Au moment où* **A** *tourne sur la droite,* **B** *accentue son transfert de poids sur l'avant et passe en An* (figure 8.20).

c– Dans un premier temps **A** relâche la hanche gauche et passe le poids sur la gauche, en même temps il relâche l'épaule gauche, descend le coude et lève la main pour appliquer *Peng* sur la main gauche de **B**, en même temps il place la main droite à l'extérieur du bras gauche de **B**, puis enchaîne avec un *Lu* (le temps de *Peng* est plutôt une transition avant le *Lu*). *Pendant que* **A** *fait son Lu,* **B** *passe bien le poids sur l'avant et ramène sa main droite pour la placer à l'intérieur de son bras gauche pour appliquer Ji* (figure 8.21).

d– **A** relâche sa hanche droite et tourne le buste sur la droite, en même temps il appuie en *An* la main gauche de **B** vers le bas ventre, puis la dégage sur la droite, puis il remonte la main gauche pour venir appuyer en *An* au coude droit de **B**, les deux mains appliquent *An*, *pendant ce temps* **B** *est en Peng* (figure 8.22).

Fig. 8.22

e– **B** *presse au sol du pied gauche, relâche la hanche droite et transfère le poids sur la droite, les mains suivent la rotation à droite marquent un Lu vers la droite sur le bras droit de* **A**, *la main arrête son action en face de la ligne médiane.* Pendant l'action de **B**, **A** passe d'abord le poids sur la gauche puis lève le pied droit et enchaîne par un pas sur l'avant, suivant le *Lu* de **B**, il presse sur l'avant en *Ji* avec le bras et l'épaule sur la poitrine de **B**. Durant son pressé, **A** doit veiller à bien synchroniser le haut et le bas et régler l'intensité et la vitesse de l'action sur celle du tirer de **B**, se précipiter sur l'avant compromettrait l'efficacité (figure 8.23).

Fig. 8.23

f– **A** repasse ensuite le poids sur la jambe gauche et en même temps qu'il fait un pas sur l'arrière avec le pied droit, sa main droite en pronation contrôle la main droite de **B** en l'amenant sur l'arrière, le posé du pied au sol se fait d'abord par la pointe du pied, pendant que sa main droite guide vers l'arrière, sa main gauche remonte et vient en contact à l'extérieur du bras droit de **B**, les deux mains coordonnent leur action en *Peng-Lu. Pendant que* ***A*** *recule,* ***B*** *vide la hanche gauche, passe le poids sur la gauche, lève le pied droit et fait un pas vers l'avant pour suivre l'action de* ***A*** *et le pose à l'intérieur de la jambe de* ***A****, les deux genoux sont alors en contact, en même temps il place sa main gauche en appui contre son bras droit, la paume vers l'avant, le bras droit marque un Ji* (figure 8.24).

Fig. 8.24

g– **A** vide sa hanche gauche, fait une rotation à gauche et transfère son poids à gauche, il appuie dans un premier temps en *An* la main droite de **B** puis la dégage sur la gauche, il lève la main droite pour appliquer un *An* vers l'avant. ***B*** *réagit en passant en supination pour marquer un Peng vers l'extérieur, son poids est sur la droite* (figure 8.25).

h– ***B*** *vide la hanche gauche et passe le poids à gauche, en même temps il abaisse le bras gauche et relâche l'épaule gauche, descend le coude et lève la main gauche pour appliquer Peng à la main gauche de* ***A****, en même temps sa main droite vient se*

Fig. 8.25

Fig. 8.26

placer à l'extérieur du bras gauche, puis les deux mains appliquent Lu vers la gauche le temps de Peng n'est qu'une transition vers Lu). Au moment où **B** passe en *Lu*, **A** passe bien le poids sur l'avant et ramène la main droite pour la placer en appui à l'intérieur de son bras droit pour presser en *Ji* vers **B** (figure 8.26).

i– Les deux partenaires tournent, ***B** vide la hanche droite et tourne sur la droite et appuie vers le bas-ventre sur la main gauche de **A** puis la dégage sur la droite, il relève la main droite pour appliquer An au coude droit de **A**, les deux mains coordonnent leur appui en An.* Sous la pression de **B**, **A** remonte la main gauche pour un *Peng* au bras droit de **B**, sa main droite est contre la main droite de **B**, les deux mains se coordonnent en *Peng* vers l'extérieur (figure 8.27).

Fig. 8.27

Fig. 8.28

j– **A** presse au sol du pied gauche vide la hanche droite et transfère le poids à droite, en même temps ses bras suivent la rotation du buste sur la droite et appliquent *Lu* vers la droite sur le bras droit de **B**, il arrête son action quand la main gauche est au milieu de la poitrine. *Quand **B** est tiré en Lu il passe d'abord le poids sur la gauche puis lève le pied droit puis refait un pas du pied droit et suivant le mouvement de **A** il presse sur l'avant avec le bras et l'épaule droite en Ji, en veillant au travail coordonné du haut et du bas du corps et prenant soin de régler son pressé sur la vitesse et l'intensité du Lu du partenaire* (figure 8.28).

k– *Après avoir pressé, **B** repasse le poids sur la gauche, sa main droite passe en pronation et garde le contact avec la main droite de **A**, il fait un pas du pied droit sur l'arrière en posant la pointe du pied au sol en premier, en même temps sa main gauche monte en contrôle au coude droit de **A**, les deux mains appliquent Lu en reculant.* **A** suit en vidant la hanche gauche, passe le poids à gauche et fait un pas du pied droit sur l'avant pour le placer à l'intérieur de la cuisse gauche de **B**, les genoux sont en contact, en même temps sa main gauche vient en appui à l'intérieur du bras droit paume vers l'extérieur pour appliquer un pressé en *Ji*. Puis les partenaires enchaînent avec le temps (g) pour aller jusqu'au *Lu* de **B** et au *Ji* de **A**. Chacun à chaque déplacement enchaîne les Quatre portes.

8) Le Dalu

八、双人大捋推手演练法

C'est la quatrième forme de *Tuishou* du style *Chen,* elle repose sur la forme précédente mais l'amplitude des mouvements est plus importante, le travail se fait très bas en *Pubu*, une jambe très fléchie et l'autre allongée avec si possible le mollet en contact avec le sol. Au sein de l'enchaînement des Quatre portes de base il est possible de placer les Quatre portes secondaires, *Cai, Lie, Zhou, Kao*, cette forme d'entraînement permet un renforce-

Fig. 8.29

ment important des jambes et développe la stabilité de la base. C'est une étape supplémentaire pour s'entraîner à ne pas perdre en mobilité et en précision dans les techniques martiales (figure 8.29).

9) Déplacements libres *(Luancai Hua)*

九、双人乱采花推手演练法

Aussi *Hua Jiao Bu*, les « pas fleuris » comme allusion à des déplacements libres. Le travail des bras est identique à celui de l'enchaînement des Quatre portes, les déplacements sont libres en avançant ou en reculant, mais l'exercice autorise toutes les variations possibles, les mouvements des bras doivent devenir très légers, les déplacements alertes. Vos changements doivent être difficilement anticipés par le partenaire, vous alternez les techniques de joindre et balayer (avec les mains), enrouler et attacher, contraindre et faire pression. Dès que les mains sont jointes, elles sont en pression mutuelle pour former une unité :

– Joindre– balayer, balayer prend ici le sens que dès la prise de contact vous vous débarrassez de ses bras sur les côtés si bien qu'il ne perçoit plus où se trouve votre énergie, ne sait pas où se trouve votre centre.

– La technique d'enrouler – attacher est basée sur le contact balayant précédent, il s'agit de faire des mouvements d'enroulement en supination, pronation, dans toutes les directions si bien que les actions du partenaire glissent et qu'il devient aisé de les neutraliser, il s'y attache (littéralement faire une nœud entre les deux anneaux des deux battants d'une porte pour la fermer) quand vous plaquez un avant-bras du partenaire horizontalement devant sa poitrine, il se retrouve comme dans l'impossibilité d'ouvrir une porte et ne peut s'approcher de vous.

– Sur cette base vous pouvez ajouter des techniques ; contraindre – faire pression, car le partenaire se retrouve bloqué et ne peut que chercher un moyen de se dégager, il ne peut trouver la force pour prendre l'initiative, alors vous pouvez faire une action décisive pour marquer une frappe de coude ou d'épaule. Si vous ne frappez pas vous pouvez au préalable ainsi écouter, tester et évaluer le *Gongfu* du partenaire, seule la connaissance de vous-même et de l'adversaire assure la victoire à chaque rencontre.

Vos déplacements doivent être étroitement liés aux actions de vos mains, il convient de suivre sans interruption les changements d'intensité, de direction et de degré, d'amplitude des déplacements. En général les déplacements sur l'avant sont des petits pas suivis légers et vifs coordonnés avec les actions de rapprocher en bas et lever en haut les mains : sur un pas vers l'avant une main s'approche légèrement tandis que l'autre s'élève avec légèreté, les énergies mises en œuvre par les deux mains interviennent comme une seule, l'on ne

Fig. 8.30

Fig. 8.31

peut les discerner à l'extérieur, avec la qualité de ce travail l'on peut de façon continue influer sur les mouvements de l'autre, si bien qu'il ne ressentira pas qu'il est dans une situation défavorable. C'est une méthode qui ne peut être maîtrisée en un jour. Quand le partenaire recule vous pouvez avancer de un, deux ou trois pas jusqu'à être dans une position avantageuse par rapport à lui, c'est le but de cette forme de travail libre. (Voir figures 8.30, 8.31, 8.32).

Fig. 8.32

2e partie

LE SECRET DES APPLICATIONS

*Chapitre 1er*

Préalable

Des 10 types d'énergie exprimées au travers de l'aspect martial du style *Chen* ancien

1) L'énergie de l'intention *(Yi)* et du *Qi*

Si l'on veut connaître les énergies mises en œuvre dans le *Taiji quan,* il faut au préalable éclaircir les notions d'intention et de *Qi*. Le *Yi* et le *Qi* dont il est question dans le *Taiji quan* résident à l'intérieur du corps et sont invisibles, inaudibles et impalpables, de manière générale on dit que le *Yi* est le cœur. Une analyse plus fine permet de pointer les différences entre le *Yi* et le cœur *Xin* ; ainsi le cœur est le maître (roi) du *Yi*, le *Yi* est le ministre du cœur, *Yi* et *Qi* sont étroitement corrélés.

Que vous pratiquiez un *Taolu* ou vous vous exerciez aux *Tuishou*, quand le cœur est en mouvement, l'intention se lève et le *Qi* suit. Le cœur, l'intention et le souffle interne forment un système global. Si dans votre pratique vous ne parvenez pas à apaiser le cœur et à tranquilliser le souffle (entrer dans un état d'esprit serein à l'humeur stable), cœur et intention seront dispersés, intention et souffle vont flotter, à l'opposé, si votre cœur est paisible, votre intention est ferme alors le *Qi* va se densifier et descendre.

Le *Qi* est l'un des composants les plus importants de notre corps, il ne s'agit pas seulement du *Qi* originel, mais aussi des quatre *Qi*. La base est le *Qi* originel *(Yuan qi)*, sans lui les 3 autres *Qi* n'existeraient pas, puis vient le *Qi* véritable *(Zhen qi)* logé dans les reins, ou souffle du ciel antérieur, puis le *Qi* extérieur *(Wai qi)* de nature plus substantiel et magnétique, enfin le quatrième est le *Qi* du ciel postérieur produit par la digestion des nutriments. Ces quatre types de *Qi* forment le *Qi* interne, *Nei qi*, c'est aussi ce que l'on nomme dans la pratique du *Taiji quan* « *Dantien Zi Qi* », le *Qi* du *Dantien*.

Tout le monde sait que le sang est le composant le plus précieux du corps humain, mais le *Qi* l'est encore plus, car dans le rapport entre le sang et le *Qi*, ce dernier est le maître, le sang le ministre, le *Qi* est du domaine du *Yang*, le sang de celui du *Yin*, le *Qi* protège, le sang nourrit, quand les deux sont bien représentés, c'est comme une nation forte bien établie dotée d'une force militaire capable de repousser les menaces externes.

Dans le corps l'absence d'un *Qi* suffisant fragilise la santé face aux agressions, si seul le principe défensif est présent, alors le corps ne peut se développer. Dans la médecine il est précisé que le *Qi* est le maître du sang, quand le *Qi* circule bien la circulation sanguine est bonne, l'équilibre du *Yin* et du *Yang* est posé, le principe vital est abondant.

Les anciens taoïstes se sont beaucoup intéressés au *Qi* du *Dantien*, le *Dantien* est pour les anciens le chaudron pour produire le cinabre dont la culture donnait l'immortalité, l'on peut donc concevoir que dans le *Taiji quan* le *Qi* du *Dantien* soit un élément majeur de la pratique.

Dans la pratique du *Taiji quan*, vous cherchez à emmener le *Qi* par l'intention, puis le *Qi* doit pouvoir s'exprimer dans le mouvement, la forme et le *Qi* sont alors unifiés, c'est là aussi le propos de la pratique du *Qi gong*, mais il y a des différences dans les deux voies d'entraînement. Dans le *Qi gong* vous recherchez le mouvement au sein de l'immobilité, dans le *Taiji* vous vous exercez à trouver le calme au sein du mouvement et à conduire le *Qi* avec le *Yi*, à la fois pour entraîner votre corps mais aussi dans un sens martial, l'on peut dire que cela est plus difficile que les pratiques immobiles, ainsi l'on dit que le *Taiji qu*an est un *Qi gong* supérieur en mouvement. Il est important que dans les pratiques des postures ou des formes, vous vous exerciez à conduire le *Qi* en respectant des principes naturels et observant les règles. Seul un travail dans ce sens peut permettre d'harmoniser le souffle et le sang dans le corps, si bien que même après une pratique difficile votre visage n'a pas changé d'expression, le souffle n'est pas agité, tout le corps est resté détendu et à l'aise, vous n'avez pas éprouvé de sensations de forcer ou de vous hâter.

Avec le temps grâce à cette pratique la circulation sanguine est optimale, le *Qi* externe vous nourrit davantage, la circulation du *Qi* dans les méridiens est de qualité, l'essence, le *Qi,* les humeurs et le sang se produisent mutuellement, les organes et tout le corps s'en trouvent renforcés, les nuisances externes ont du mal à pénétrer, le corps est en parfaite santé, ainsi l'on peut espérer vivre plus longtemps.

Les pratiques d'absorption du *Qi* dans l'entraînement doivent s'appuyer sur les principes qui régissent le *Yi* et le *Qi* ; si les principes sont là mais s'il n'y a pas de méthodes alors le *Qi* ne pourra pas circuler convenablement et remplir le corps, inversement si la méthode est installée mais si les principes sont absents le résultat ne sera pas atteint. Ainsi les débutants ne doivent pas être trop pressés, quand ils rencontrent des difficultés dans la pratique, il faut s'apaiser et chercher à respecter les principes de base pour progresser. Il convient de chercher à nourrir le *Qi* et non pas à le disperser, ainsi peu à peu vous évoluerez vers la voie juste, votre boxe passera de basique à avancée.

Le souffle central, *Zhong qi,* s'exprime dans l'axe, l'intention sans excès ni insuffisance. L'origine du *Qi* réside dans les souffles *Yin* et *Yang*, les *Qi* du ciel antérieur et postérieur. *Qi* et intention sont indissociables, ils font partis d'un même système dans lequel ils se génèrent et dépendent l'un de l'autre. Si dans la pratique le cœur et l'intention sont déviés alors le *Qi* est dévié, c'est sur la base d'une intention calme que l'expression du *Qi* ne sera pas biaisée, ni trop ferme ni trop souple, le *Yin* et le *Yang* en équilibre, le *Qi* est dit juste, droit : *Zheng qi*. Cette maîtrise du *Qi* est difficile à obtenir, le *Qi* est souvent soit trop lâche soit trop dur, il reste localisé et ne circule pas dans tout le corps pressant sur l'extérieur. **Souvent dans les échanges de *Tuishou* les jeunes utilisent trop la force, n'approfondissent guère les principes et cherchent à soumettre le partenaire, à ce niveau l'on ne peut contrôler l'autre qu'avec la mise en œuvre des capacités physiques. C'est avec le cœur qu'il faut chercher la maîtrise!**

Si vous rencontrez quelqu'un de haut niveau vous sentez immédiatement que vous ne pouvez avancer ni reculer, que vous ne pouvez appliquer de force et que vous êtes dans un état d'équilibre des plus instables comme monté sur une boule de pierre, dès qu'elle roule vous risquez de chuter. Il est important d'aborder la pratique par l'étude des principes, alors de façon naturelle se mettra en place la capacité à guider le *Qi* par l'intention dans tous les membres suivant les variations des temps de supination et de pronation, des actions centripètes ou le *Qi* s'enfonce jusque dans les os, et les actions centrifuges émises à partir du cœur. Cela nécessite un long entraînement qui allie le travail du *Yi* et du mouvement. Ce travail est transposable dans l'application de techniques martiales, tout le corps est alerte et réactif, une pensée née dans le cœur, l'intention se lève et le *Qi* presse la forme de l'intérieur pour une réaction rapide. La compréhension du *Yi* et du *Qi* est un premier pas pour la base de la compréhension des différents modes d'expression de l'énergie dans le *Taiji quan*.

2) L'énergie du *Dantien*

Le terme « *Dantien* » fait référence au champ de cinabre des anciens taoïstes, il est communément situé à 1*cun* (unité de mesure chinoise équivalent à 3,33 cm) et 3 *fen* en dessous du nombril, dès la fin de la dynastie *Tang* les taoïstes se sont intéressés aux principes de cultiver et d'entraîner le principe vital, cette recherche n'a cessé de se développer jusqu'aux dynasties *Song*. À partir des *Song* du Nord les écoles d'alchimie interne ont pris de l'ampleur et étaient très en vogue, durant les *Song* du Sud les techniques sur la semence étaient enseignées, à la fin des *Song* les techniques du *Tao* passèrent aux *Jin* et aux *Yuan*.

Sur une très longue période les hommes n'ont cessé d'expérimenter et tester ces techniques jusqu'à établir que les pratiques du *Tuna* et du *Daoyin* avaient une place dans les exercices pour nourrir le principe vital et renforcer le corps, les techniques martiales, et les méthodes pour retrouver la santé et prolonger la vie. En effet le *Dantien* est le fondement des méthodes du *Tuna* et du *Daoyin*, il est le lieu de formation et de raffinement des élixirs précieux. La création du *Taiji quan* repose aussi sur les principes taoïstes de rotation du *Dantien*, de nourrir et d'affermir les principes originels et d'entretien de la vitalité. Plus tard la notion de *Dantien* se développera, il y a trois *Dantien* sur l'avant *(les Yin Dantien)* : le *Dantien* inférieur (1*cun* 3 *fen* sous le nombril), le *Dantien* médian (entre les deux seins) et le *Dantien* supérieur (entre les sourcils), en général quand l'on parle de descendre le *Qi* dans le *Dantien* ou d'y placer l'intention, il s'agit du *Dantien* inférieur, ces trois *Dantien* sont dits *Yin* car ils sont sur le trajet du méridien *Renmai*, et à la hauteur du nombril au niveau des reins sur le trajet du méridien *Dumai* se situe le *Yang Dantien (Mingmen)*.

Le *Dantien* supérieur à en charge la voie de diriger le *Qi*, le *Qi* du cœur réside dans le *Dantien* médian, le *Dantien* inférieur est le lieu de rassemblement des 3 *Qi*. Le *Dantien* inférieur préside au centre de gravité de l'homme et des points d'acupuncture majeurs y sont situés tels *Guanyuan* et *Qihai*, c'est aussi un lieu de rencontre des méridiens Gouverneur et Conception, c'est le lieu pour l'homme et la femme de production des cellules de la reproduction, c'est pourquoi il est appelé « l'ancêtre de la vie », « l'origine du souffle de vie », « la base des organes », « la racine des 12 méridiens ». C'est le lieu de production, d'accumulation et de mise en circulation du *Qi*, et le fondement des montées et descentes des 3 *Qi*, que vous vous entraîniez à l'absorption du *Qi* dans le travail des postures ou à la pratique des enchaînements, il convient de ne pas négliger l'importance fondamentale du *Qi* du *Dantien*.

Les exercices d'absorption du *Qi* (*Cai qi*) allient le mouvement et l'immobilité, ils visent à renforcer la circulation du *Qi*, la pratique répétitive permet d'unifier l'intention et le *Qi* avec chaque technique, si bien qu'au sein de l'entraînement du *Qi* on le nourrit, et quand on le nourrit on l'entraîne de concert, le *Qi* revient régulièrement au *Dantien* et s'y ressource, avec le temps l'on tend vers la réalisation des 3 étapes classiques de l'alchimie interne : le raffinement de l'essence et sa transformation en souffle interne, le raffinement du souffle et sa transformation en esprit et enfin le retour à la vacuité. C'est la seule façon de s'entraîner, on évite la dispersion du souffle véritable du *Dantien*, avec le temps, le *Qi* est abondant et l'esprit *Shen* en plénitude, de l'extérieur l'énergie du *Dantien* se manifeste aux travers des *Fajing*, des brèves secousses (*Dandou jing*), des *Qinna* ou plus généralement des deux modalités d'expression de l'énergie spiralée, elle reflète l'unité et la complétude, ainsi l'on peut parler de *Dantien Jing,* l'énergie du *Dantien*.

Quand le *Qi* du *Dantien* est en quantité suffisante, le *Jing*, et la force sont abondantes et dans un état de plénitude, quand le *Qi* est bien plein il est très difficile de le détruire, le démolir (un peu comme un ballon de basket bien gonflé). Inversement quand le *Qi* est faible, alors le *Jing* n'est pas entier et par conséquence dispersé avec peu de potentiel pour exprimer une force, sans résistance il est alors facile à démolir ! d'un point de vue relatif l'on dit que le *Qi* est le maître et qu'il commande au *Jing*, à l'énergie, mais en somme *Qi* et *Jing* appartiennent au même système, l'on ne peut diviser ce qui fait corps.

Les étapes de raffinement de l'alchimie interne combinent subtilement l'intention et le souffle interne sinon il ne serait pas possible d'espérer utiliser le cœur pour conduire le mouvement. C'est parce que *Yi* et *Qi* sont entraînés de concert et interagissent qu'il est possible de diriger le *Qi* par l'intention, de nourrir le cinabre et de garder l'esprit.

Ce que l'on désigne ici comme le *Yi* fait référence à l'activité mentale pendant la pratique des exercices d'absorption du *Qi* ou dans la pratique des enchaînements, c'est une manifestation des capacités du cerveau qui permet de mobiliser le corps avec le soutien de la mise en circulation du *Qi* par l'intention, cette dernière emmène le *Qi* dans les trajectoires centrifuges et centripètes propres aux deux modes majeurs d'expression de l'énergie enroulée en spirale (supination et à la pronation), cette manière de mobiliser le corps et les articulations a un effet des plus bénéfiques pour la physiologie et la santé de toutes les parties du corps.

Ce que l'on désigne ici par *Qi* fait référence au souffle véritable (*Zhen qi*) du *Dantien* (aussi nommé *Yuan qi*), cela englobe aussi le *Qi* externe venant des échanges respiratoires et le *Qi* provenant de la digestion nommé aussi *Houtian qi*, souffle du ciel postérieur ou post natal, ou *Qi* interne). Sous la dépendance l'un de l'autre, ils s'appuient l'un l'autre et croissent ensemble, le *Qi* est un des composants de la vie humaine, c'est aussi la base du fonctionnement du système des méridiens, des organes et des différents appareils, ainsi il est important que votre pratique porte sur le *Qi*, si vous ne cherchez pas à accumuler le *Qi* au *Dantien*, le renforcer et le faire circuler, alors votre pratique de l'art martial sera comme vide. **Quand l'on pratique l'art martial il faut aussi entraîner le *Yi* en veillant à la détente naturelle de tout le corps, le *Qi* circulera librement dans les méridiens, circulations du sang et du *Qi* seront harmonieuses, *Yi* et *Qi* se répondant mutuellement, le mouvement et le repos se succèdent, la fermeté et la souplesse s'appuient l'un l'autre, la légèreté et la lourdeur .... La capacité de conduire le *Qi* avec l'intention est inhérente à tout cela.**

Le *Dantien* est le lieu de réserve des 3 *Qi* (le *Qi* des reins, le *Qi* externe et le *Qi* nourricier de la digestion), *Qi* externe et *Qi* des aliments forment le *Qi* du ciel postérieur, avec le *Qi* originel de plus en tout cela fait 4 *Qi*, le *Dantien* est aussi l'origine des montées et descentes des 4 *Qi*. Le *Qi* du ciel antérieur est le *Yuan qi* prénatal généré dans le ventre de la mère ; la vie et le développement graduel de l'embryon reposent entièrement sur les échanges gazeux et la nourriture apportés par le corps de la mère, l'embryon peu à peu prend forme, les organes et les appareils respiratoires et circulatoires se développent à partir du souffle des reins. Le placenta assure le rôle nourricier en transmettant les nutriments et l'oxygène nécessaires à la vie, les deux souffles *Yin* et *Yang* de l'univers au travers des nutriments et des échanges gazeux, sont présents avant la naissance dans une manifestation mêlée, le souffle originel du ciel antérieur, ou *Qi* des reins ou *Qi* véritable est à l'origine de la vie.

Dans la vie le *Qi* prénatal se consume sans arrêt et doit être constamment restauré par le souffle du ciel postérieur, alors il peut rester abondant : les organes, la peau et le système pileux sont nourris et lubrifiés, ainsi la préservation des systèmes vitaux est assurée. Le *Qi* du ciel postérieur lui intervient après la naissance pour prendre le relais dans le maintien de la vie et le développement. Quand l'embryon passe d'un système ou le *Yin* et le *Yang* sont mêlés et fondus au système ou *Yin* et *Yang* sont distincts, ou la circulation continue entre les méridiens gouverneur et conception est interrompue, le nouveau né a bien sûr maintenant des échanges directs avec l'extérieur sous la dépendance du *Qi* postnatal.

Le *Qi* qui provient de l'essence des aliments est véhiculé par le sang, de même que le *Qi* externe (*Wai qi*) nourrit le corps et les organes et diminue l'entrée des souffle viciés. Le *Qi* externe produit des éléments impalpables de hautes vertus dont l'électricité, les composantes magnétiques et de fines particules (atomes, électrons ?). Au travers de la pratique des exercices de *Cai qi* (absorption et postures) et des enchaînements, avec un long entraînement de l'intention, ces éléments passent de désordonnés non mobilisables en éléments ordonnés exploitables par le pratiquant ; la base du *Qi* externe est l'existence d'un *Qi* interne fort avec lequel il peut interagir, sans *Qi* interne, l'homme ne peut avoir du *Qi* externe.

Les 4 *Qi* sont la racine de l'homme, du début à la fin de la vie ils circulent dans tout le corps, ils ne peuvent atteindre un endroit il y a développement d'une maladie. Si la circulation est optimale dans tous les organes, alors le *Qi* propre à chaque organe, le *Qi* en circulation dans les méridiens, le sang circulant dans les vaisseaux, formeront un *Qi* nourricier très fort, celui qui circule à la périphérie fera un *Qi* défensif de qualité.

Dans votre pratique des postures ou des *Taolu*, il est sans cesse question de nourrir le *Qi* du ciel postérieur et d'affermir et restaurer le *Qi* du ciel antérieur, si bien que le *Qi* et le sang se manifesteront à la périphérie de façon bouillonnante et que la restauration de la continuité entre la circulation énergétique des méridiens *Dumai* et *Renmai* est rétablie, petite et grande circulations sont rétablies, le *Qi* externe d'abord désordonné suivra la pensée, se chargera de magnétisme dans le *Dantien* et les 3 *Qi* maintenant ordonnés formeront un *Qi* interne capable de circuler en suivant un commandement, ceci dans le double objectif d'allonger la vie et d'acquérir une efficacité martiale.

3) L'énergie de déraciner : *Pengjing*

L'énergie de *Peng (Pengjing)* est une énergie interne qui se manifeste à l'extérieur, résultat d'une longue pratique du *Taiji quan,* elle est aussi le fruit de la première étape de transformation du *Jing* en *Qi*.

Dans l'exécution des formes du style *Chen* il n'y a pas un endroit où la mobilisation spiralée de l'énergie ne soit utilisée, les différentes variantes et directions de l'expression de l'énergie *Shansi* se font à partir de la taille comme pivot, entre le haut et le bas, la gauche et la droite, le travail se fait dans la détente et l'allongement, ainsi le *Qi* est conduit de l'intérieur vers l'extérieur au niveau de la peau et s'y manifeste de manière élastique, avec une capacité à faire ressort, c'est l'énergie de *Peng*. Dans la pratique des formes et des *Tuishou*, il est fondamental que l'énergie *Peng* soit présente.

Pengjing est très utilisée dans les *Tuishou*, émise à partir de la taille et du dos, elle mobilise le corps en spirale et assure des transformations arrondies, elle s'exprime à l'extérieur, poussée de l'intérieur, au point d'application du contact avec l'adversaire dans le but d'un contrôle martial.

Il est des plus importants de saisir les relations entre l'énergie *Peng*, la détente et l'énergie stagnante (bloquée). L'énergie *Peng* est la première parmi les 8 portes exploitées dans les *Tuishou*, sans elle le corps ne peut réellement exprimer les 7 autres modalités, et votre pratique des formes et du travail à deux sera comme vide. L'énergie de *Peng* repose sur la base de la détente *(Fangsong)* des tendons et des muscles dans l'exécution des mouvements, c'est le maintien de cette détente qui permet à cette énergie de trouver son chemin vers la périphérie et de bouillonner sous la peau. L'énergie du *Taiji* est dite « une partie souple, une partie ferme », ici la souplesse ne veut pas dire absence totale de force ou mollesse, ce qui aboutirait à la perte du *Jing*, *Jiujing,* qui va de pair avec la perte du *Peng*. Seul dans une pratique qui respecte la détente le *Qi* central, *Zhongqi*, peut prendre forme et s'exprimer à l'extérieur, avec les qualités mêlant la souplesse et la fermeté. Cette énergie *Peng* prend sa source dans le *Qi* interne emmagasiné et transformé avec le temps de pratique.

L'énergie dite stagnante ou bloquée s'exprime sur un mode linéaire, et dur, elle nécessite la contraction et la rigidité, cette énergie externe est produite par une contraction des muscles et une crispation des tendons, elle va de pair avec un *Qi* qui remonte et flotte et stagne au niveau de la poitrine, ceci entraîne des transformations et changements de directions maladroits et lents qui vous rendront aisément contrôlable par un adversaire, le *Yang* est excessif dans ce type d'énergie. Cette énergie est comme une flaque d'eau laissée après la pluie, elle ne peut que diminuer et disparaître, c'est une énergie qui n'a pas la possibilité d'absorber le *Qi*.

J'espère que les pratiquants pourront progressivement cerner les nuances entre la perte de contact et la détente, le *Peng* et le blocage, et ainsi éviter de s'entraîner des années à perte dans des chemins de travers.

4) L'énergie de tirer : *Lujing*

L'énergie de *Lu* est produite sur la base de l'énergie *Peng* avec laquelle elle est en relation étroite, de manière générale on peut dire que l'action de *Peng* précède celle de *Lu*, que si l'on veut exprimer un *Lu* il convient au préalable de mettre en œuvre l'énergie *Peng*.

L'énergie de *Lu* suit la taille comme pivot, est soumise aux jeux du vide et du plein des transferts de poids et est aidée par l'énergie de l'entrejambe *(Dangjing)*. Les degrés, directions, lourdeurs et intensités dans l'application sont des plus variés et doivent être maîtrisés pour trouver le bon timing. Dans toutes les combinaisons de *Lu* il est nécessaire au préalable de placer l'énergie de *Peng*, que ce soit dans les *Lu* dans différentes directions ou combinées avec *Cai, Qinna*, coup de coude, d'épaule ou de paume, avec crochetage ou barrage. Mais dans toute la finesse des transformations au sein de *Lu,* il convient d'accompagner l'action par une énergie capable de faire tressauter l'adversaire de surprise par l'ajout d'une action explosive.

Dans le système combinant *Peng et Lu*, il est recherché dans un premier temps de mettre l'adversaire en déséquilibre afin d'utiliser ensuite de façon plus efficace l'énergie tremblante explosive pour le projeter. Par exemple dans le mouvement *« Lan Zha Yi »*, Soutenir le pan du vêtement du premier *Taolu*, à la fin de la technique le poids du corps est réparti à 70/30 sur la droite, le bras droit est étendu mais en gardant un potentiel de repli, le bras gauche est fléchi mais garde un potentiel d'extension, la main gauche venant de la taille, en suivant le relâchement de la hanche droite et la rotation du buste sur la droite, vient se placer près de la main droite pour préparer un *Lu*. Puis la hanche gauche se détend à son tour, l'énergie de la taille s'enfonce, la taille et le dos tournent, la main gauche saisie la main gauche d'un adversaire tournant de l'extérieur vers l'intérieur afin que l'adversaire sente que son bras gauche est contrôlé. La main droite se place en contact au bras gauche, puis suivant le transfert du poids sur la gauche, la torsion de la taille et le travail de l'entrejambe, le corps tourne sur la gauche et les mains appliquent l'énergie du *Lu* sur le côté gauche et en bas, il est possible de combiner le *Lu* avec *Cai* ou de revenir avec *Lié*, l'autre ne peut alors trouver la force de transformer. Mais pour l'équilibre de la technique il faut veiller à ne pas coller le coude du bras qui contrôle le bras adverse trop près de votre côté, sinon il est probable que vous perdrez le *Peng jing* et si l'adversaire peut contre-attaquer vous seriez plus en difficulté pour neutraliser sa nouvelle direction de force. Allier la pratique à l'analyse pourra vous permettre de découvrir toutes les subtilités de l'énergie *Lu.*

5) L'énergie de presser : *Jijing*

L'énergie de *Ji* est une action offensive sur l'avant qui vise à déséquilibrer et renverser, elle est couramment émise en suivant le sens de l'action de l'adversaire. *Ji* est facilement utilisé dans les *Tuishou* en déplacement, comme par exemple quand l'on vous tire le bras droit en *Lu,* vous suivez le mouvement en acceptant d'allonger le bras droit vers l'avant, votre main gauche vient se placer paume vers l'extérieur à l'intérieur de votre bras droit, puis en coordination avec l'action de la taille et de l'entrejambe, maintenant épaules et coudes lâchés, main droite en supination, vous pressez vers l'avant pour heurter l'adversaire.

C'est un des 8 grands types d'énergie des *Tuishou,* l'intention d'une frappe d'épaule ou de dos est contenue dans l'application de *Ji,* notamment si le partenaire en appliquant *Lu* est resté bien centré vous pouvez utilisez la frappe d'épaule pour le déstabiliser. Quand vous marquez *Ji* vers l'avant il convient de maintenir l'énergie au sommet de la tête et la vigilance de l'esprit, veillez au rentré de la poitrine et au lâché de la taille, l'entrejambe doit ménager une fermeture au sein de l'ouverture, le pressé de doit pas vous emmener trop vers l'avant ni être insuffisant. Si vous le marquez trop vous allez risquer de sortir de votre espace de sécurité, déséquilibré vous serez facilement soumis aux réactions de l'autre, si le mouvement n'est pas assez appuyé, vous serez trop en retrait dans votre espace et l'autre pourra en profiter pour contrer vers vous sans moyen de vous échapper.

Ainsi pour trouver la bonne distance il est important que l'action des bras soit réglée correctement sur les pas et les passages vide/plein, si vous désirez sortir la main il faut au préalable s'assurer du sol. Quand l'autre applique *Lu* et que vous allez suivre avec un *Ji* sur l'avant il convient d'abord d'insérer votre pied avant au meilleur endroit, le haut du corps montre le chemin de l'action, la partie médiane du corps interagit avec l'ensemble, le haut et le bas restent bien coordonnés.

Il faudrait tendre vers le fait quand une partie presse vers l'avant il n'y a pas une partie du corps qui n'aille dans ce sens, de même dans le recul, quand une partie recule, elle est soutenue par tout le corps, dans les temps de repos ou de stabilisation toute la structure écoute et suit de concert. Quand dans les actions vers l'avant il y a de l'arrêt, dans le recul il reste une marge de sécurité, vous ne laisserez pas prise à la défaite. En appliquant l'énergie de *Ji* dans les *Tuishou* il est fondamental de maintenir un potentiel de fermeture, de repli dans l'ouverture et l'expansion et inversement en vous repliant ménager une possibilité d'avancée et d'ouverture, restez bien au centre, sans excès ni insuffisance, alliant ainsi la pratique de la confrontation avec l'autre avec la théorie pour affiner la technique.

6) L'énergie d'appuyer : *Anjing*

Il s'agit d'appliquer avec une ou deux mains une poussée vers l'avant ou le bas sur les deux bras ou une partie supérieure du corps de l'adversaire, les utilisations de *An,* dans les *Tuishou* à pas fixe ou en déplacement, sont vastes.

L'énergie de *An* peut être placée suivant les modalités longue ou courte en fonction de la corpulence de l'adversaire ; dans le cas ou il est plutôt léger et bien enraciné il convient d'utiliser un *An* long, si vous utilisez un *An* très bref pour attaquer vous risquez d'être déséquilibré devant un adversaire léger et stable qui peut transformer rapidement, si vous avancez vers lui d'abord avec une pression longue pour vous donner le temps de sentir que l'effet de votre action sur l'équilibre de l'autre, alors vous pouvez accélérer et marquer une attaque brève. Avec un adversaire plus lourd, ou au *Gongfu* plutôt faible ou peu enraciné, vous pouvez tenter une première pression avec les doigts puis frapper avec la base de la paume dans un *An* court.

Dans l'expression de *An* il faut veiller au maintien de l'énergie au sommet du crâne, à la vigilance de l'esprit, aux lâchers des épaules et des coudes, l'entrejambe presse sur l'avant, votre corps doit fonctionner comme une unité. Que vous appliquiez *An* avec une ou deux mains, il faut veiller à l'effacement de la poitrine, à descendre le *Qi* au *Dantien*, à resserrer les côtés sur l'avant et à l'étirement du dos, le point d'application de la force doit être précis. Dans le *Fajing* maintenez un jeu de forces opposées entre l'avant et l'arrière pour éviter de se trouver penché vers l'avant ou vers l'arrière dans des déséquilibres.

Un des éléments essentiels pour l'efficacité du *Anjing* réside dans la coordination des variations des mouvements des bras avec la respiration. Par exemple dans le *Tuishou* en déplacement quand vous passez d'un *Lu* à un *An*, le tranchant de votre main droite appuie légèrement la main droite du partenaire jusqu'à aller appuyer sur son bras gauche, puis le tranchant de votre main gauche fait pression au niveau du coude droit du partenaire pour amener son bras en flexion à 90°, alors vous intensifiez votre assise et votre corps presse sur l'avant, les mains passent d'une position d'ouverture à une fermeture conjointe. C'est là qu'il convient de coordonner le changement d'orientation des paumes (flexion des poignets et frappe) avec la respiration dans une unité d'action entre le corps, le placement des pas et l'action des mains, ainsi l'émission de l'énergie *An* sera complète et émise dans un souffle.

7) L'énergie de saisir : *Caijing*

L'énergie de *Cai* est exprimée sur la base de celle de *Lu*, elle consiste en une saisie et un contrôle au niveau des articulations des bras, par exemple une main saisit le poignet et l'autre applique un contrôle au coude, les deux mains agissant de manière synchrone pour marquer le *Cai* vers le bas. **D'une façon générale l'on peut dire que les énergies de *Lu*, *Cai* et *Lié* font partie d'un même système, s'enchaînent et se produisent mutuellement. Les actions de *Lu* et de *Cai* se font dans la même direction alors que la**

combinaison de *Lu* et *Lié* se fait dans des directions contraires. *Cai* est construit sur la base du *Lu*, quand ce dernier est bien placé il évolue en *Cai* sur un côté pour déséquilibrer le partenaire et le faire chuter dans cette direction suivant la rotation que vous imprimez au corps.

Le *Cai* pur est un contrôle de la base du tranchant de la paume au niveau du coude, l'énergie de *Cai* est émise sur une courte distance d'un *cun* (3,33 cm) *Cuncai* d'une façon très sèche, il convient de maintenir l'effacement de la poitrine, le lâcher de la taille, le tombé des épaules et des coudes, d'appliquer correctement la torsion de la taille et du dos avant de marquer le *Cai*, ainsi il est assez aisé de faire chuter l'adversaire. Quand vous vous abaissez pour marquer l'action veillez à rester droit, à maintenir le *Qi* au *Dantien*, placez le regard sur l'avant et le bas.

Appliquez *Cai* avec l'intention comme maître, en coordonnant la taille, l'entrejambe, les jambes et la respiration, alors le *Cai* sera énergique et déstabilisant. Il est courant de poursuivre un *Lu* par *Cai* puis de lier *Cai* avec un *Lié*, ceci en fonction des circonstances de transformation possible dans l'échange, quand il est possible de marquer *Lu* de façon efficace, faites-le, autrement suivez par *Cai*, si vous ne pouvez appuyer le *Cai* alors il convient d'enchaîner avec un *Lié* afin de ne pas se trouver en position d'infériorité. Le *Yin* et le *Yang* se transforment sans cesse, les techniques s'enchaînent et se répondent, seule une longue pratique d'expérimentation de la réalité de l'écoute des changements de l'énergie du partenaire vous permettra de trouver la bonne opportunité, toutes les techniques seront obtenues par l'expérience et l'analyse.

8) L'énergie de fendre : *Liéjing*

L'énergie de *Lié* est souvent associée à celle de *Lu* et *Cai*, elle caractérisée par un changement de direction : dans *Lu* vous suivez la ligne d'action *(Xunjing)* que vous donne le partenaire, puis dans *Lié* vous changez sur une ligne latérale *(Huangjing)*. L'énergie de *Lié* contient l'intention de tordre, de déchirer les articulations. Quand dans le *Tuishou* en déplacement ou le *Dalu* vous exprimez un *Lu* suivi d'un *Cai*, le corps du partenaire s'incline naturellement sur un côté et se rapproche de vous en *Ji,* notamment en essayant de porter une attaque de coude en remontant, à ce moment votre action de *Cai* est en opposition avec l'attaque de coude du partenaire et donc votre *Lucai* est neutralisé, il convient alors de suivre l'action de pressé de l'autre qui transfère son poids sur l'arrière et tourne sur le côté, pour rapidement changer la ligne d'action et porter *Lié* avec une frappe de l'avant-bras vers l'avant, pendant qu'un bras frappe avec le coude en avant l'autre main passe en rotation interne, les lignes de force des deux mains sont en ouverture dans des directions opposées, ce qui caractérise également *Lié*.

Il existe plusieurs variantes de *Lié* : à l'intérieur, à l'extérieur, combiné avec *Dai* (emmener) ou *Cai*, dans tous les cas il est fondamental que toutes les parties du corps se répondent, que l'intérieur et l'extérieur soient réunis, l'énergie de *Lié* est en général émise de façon brève et sèche rarement selon le mode long. Mais l'énergie ne doit pas non plus être excessive, sinon le risque de blesser le partenaire est grand, surtout chez les débutants qui ne peuvent que difficilement doser leur force et exprimer un efficacité sur une courte distance. Au début il convient de placer la technique correctement jusqu'au point d'application de la force et de s'arrêter.

C'est seulement après une longue expérience de mise en situation réelle dans les *Tuishou* et dans la pratique des Quatre portes secondaires, que l'on acquiert la maîtrise de l'application de l'énergie sur une courte distance, cela vous permettra selon votre placement et celui du partenaire, de ressentir avec le cœur le meilleur chemin emprunté par le *Qi* d'expression de l'énergie à travers un *Cai*, un *Lié*, un *Qinna* ou une sortie de force. Alors vous pourrez lors des entraînements ou des présentations exprimer l'aspect martial de manière très franche sans pour autant blesser le partenaire.

9) L'énergie du coude : *Zhoujing*

L'énergie du coude s'applique avec le bras plié, elle est émise par les 4 surfaces de la zone du coude, il en existe de nombreuses variantes, parmi les principales on peut citer le coup de coude à contre hanche *(Yaolan Zhou)*, le coup de coude latéral au-dessus de la jambe avant *(Xunlan Zhou)*, le direct du coude au cœur *(Chuanxin zhou)*, l'attaque remontante *(Shangtiao zhou)*, le coude en *Cai* vers le bas *(Xiacai zhou)*, l'attaque remontante en crochet *(Gua zhou)*, le coup vertical *(Li zhou)*, le double coup latéral *(Shuangkai zhou)*, le double coup en refermant *(Shuangkou zhou)*.

Pour porter une attaque de coude avec efficacité il convient d'être assez proche de l'adversaire, ainsi avant de frapper il est nécessaire de réduire la distance, en général l'on avance un pas entre les jambes ou derrière lui, il faut au moins pénétrer de moitié le corps de l'adversaire. Au moment ou l'on avance le pied dans l'intention de frapper du coude il convient d'inspirer, de concentrer son esprit, de maintenir la poitrine effacée et de tasser l'énergie de la taille vers le bas, frapper avec la torsion juste de la taille et du dos en s'appuyant sur la pression vers l'avant au niveau de l'entrejambe. Quand vous portez une attaque vers le haut comme dans le cas de la frappe de coude remontante, il convient de maintenir l'équilibre des forces du haut et du bas du corps, pour ce faire veillez à séparer à partir du niveau de nombril deux lignes de force vers le haut et vers le bas, ceci afin de ne pas vous trouver déraciné par la violence de la sortie de force et pour garantir la précision et la puissance de l'impact.

L'énergie du coude peut être donnée par un impact de surface large ou étroite, les frappes avec une surface large sont peu dangereuses car données par les côtés du coude, par contre quand l'énergie est concentrée sur la pointe du coude il est facile de blesser l'autre, il convient de ne pas l'utiliser à la légère ; les frappes de coude à contre hanche, en pression latérale ou verticale se font plutôt avec l'avant-bras, par contre l'attaque remontante, le direct vers l'avant, l'attaque vers le bas et les doubles attaques se portent avec la pointe du coude. Si par exemple le partenaire vous ferme en *An* sur le bras droit collé contre votre poitrine, vous emmenez le *Qi* interne vers le bas, effacez la poitrine et enfoncez l'énergie de la taille, inspirez pendant que votre bras droit dirige la pression en *An* sur la droite pour la neutraliser, vous poursuivez par un pas sur le côté gauche et passez votre main gauche dans le dos du partenaire pour l'envelopper et l'amener, puis sur l'expiration vous portez une frappe de coude à contre hanche (frappe droite, pied gauche devant) avec l'avant-bras droit à l'horizontale. Cette frappe combinée à l'action du bras gauche qui incite le partenaire à réagir vers l'arrière peut le faire décoller du sol avec la violence du choc, pour cela il est nécessaire que les actions des mains soient bien synchronisées dans le timing, que la phase de préparation de la sortie de force en accumulation soit suffisante.

Cependant cela n'est pas à la portée d'un pratiquant ordinaire un *Gongfu* avancé est nécessaire pour projeter le partenaire de façon spectaculaire dans le temps bref d'une inspiration et d'une expiration, d'une fermeture et d'une ouverture des plus rapide. Cela dépend de la capacité à exploser puissamment sur une distance très courte, à des déplacements très stables et à des techniques de main très rapides, le temps de rotation dans lequel est émis l'énergie de secousse correspond un cercle de préparation et d'émission très petit ; il est dit que dans un premier temps on s'entraîne sur le modèle du grand cercle vers le cercle moyen, puis du cercle moyen au petit cercle, et enfin l'on tend à être efficace d'un cercle petit à un cercle presque indécelable, si bien que les phases d'accumulation et d'explosion sont sans forme apparente, la distance nécessaire pour préparer la frappe est réduite au minimum, l'action est des plus subtiles.

Ainsi dans l'art du *Taiji quan* l'on dit que le plus haut niveau est dans l'absence de cercle, dans les *Fajing* le *Yin* n'est pas dissocié du *Yang,* le *Yang* n'est pas séparé du *Yin*, l'ouverture est dans la fermeture, la fermeture dans l'ouverture, sans forme, sans trace, l'adversaire est projeté dans l'air comme dans un rêve, l'autre ne sait pas vraiment comment le *Fajing* est parti, et il n'aura pas le moyen d'y échapper ou de transformer. Cela fait référence au plus haut niveau où l'on est seul à se connaître, l'autre ne peut appréhender votre technique.

10) L'énergie de l'épaule : *Kaojing*

Il s'agit de l'énergie émise par les frappes des 4 surfaces de l'épaule dans différentes directions. La puissance de l'épaule est particulièrement dévastatrice et de nature à effrayer et surprendre l'adversaire par la violence du choc, pour être efficace la distance à l'adversaire est encore plus réduite que dans la frappe du coude, il convient très rapidement d'ajuster sa distance avant de porter le *Fajing*. Il en existe de nombreuses variantes, citons : le coup d'épaule latéral *(Cijian Kao)*, la frappe sur l'avant *(Yingmen Kao),* la frappe avec la poitrine *(Xiong Kao),* la frappe avec le dos *(Beizhe Kao)*, la frappe basse à 7 cun *(Qicun Kao),* la double frappe arrière *(Shuangbei Kao).* Les coups d'épaule sont très employés dans les différentes formes de *Tuishou,* en dehors de la frappe basse, de la frappe vers l'avant et de la double frappe avec le dos, toutes les autres formes sont construites à partir d'un *Lu* et d'un effet de surprise.

Prenons le cas de la frappe d'épaule sur l'avant (en ouvrant la garde du partenaire), à partir des exercices de *Tuishou* simples des cercles symétriques avec les deux mains, il s'agit de trouver le temps pour transformer les cercles, avec les « gueules de tigre » (espace ouvert pouce index) vous appuyez vers le bas les poignets du partenaire et séparez ses bras sur les côtés et le bas, en même temps vous passez le poids du corps sur l'arrière pour libérer le poids de la jambe avant afin de faire un pas pour pénétrer loin entre les jambes du partenaire, puis vous repassez sur l'avant en portant le coup d'épaule au niveau de la poitrine. L'ouverture des bras vers le bas, le placement de la jambe et la percussion de l'épaule doivent être parfaitement synchronisés.

Maintenant voyons le cas du coup d'épaule sur le côté, il est mis en place après avoir placé un *Lu*, si par exemple l'on vous porte une attaque du poing droit au visage, vous interceptez en *Peng* puis changez en *Lu* vers le haut appuyé par le placement de la main gauche au bras droit de l'adversaire, l'action doit être rapide et soudaine. Le côté droit de l'adversaire se trouve alors ouvert et vulnérable, vous faites alors un pas entre ses jambes pour réduire la distance et venez percuter son flanc droit avec un coup d'épaule de manière très rapide. Pour que la technique soit efficace il faut qu'un temps très bref sépare l'effet de surprise, le placement du pied, le *Ludai* (tirer et conduire) et le *Fajing* au niveau de l'épaule, le temps d'absorption et la contre-attaque ne devrait pas dépasser une seconde. Dans le cas contraire l'adversaire aurait le temps de retrouver son équilibre et votre frappe rencontrerait vraisemblablement sa force, vous seriez alors en opposition.

Le coup d'épaule doit être porté dans un éclair, vous pouvez dans un premier temps vous exercer sur ces deux exemples puis avec l'éclairage de l'expérimentation de la réalité des échanges vous saisirez progressivement toute la finesse de ces techniques d'épaule.

Chapitre 2

Échauffement de base

Ce paragraphe renvoie à l'ouvrage : *À la source du Taiji quan* paru chez le même éditeur et à la première partie « Techniques de Tuishou » (poussée des mains) de cet ouvrage. Il est expliqué dans ces ouvrages avec maints détails toutes les facettes de la préparation en relation directe avec les spécificités de l'art martial du *Taiji quan*, nous invitons donc le lecteur à consulter ces écrits.

Pour une préparation plus directe, cadrée comme échauffement préparatoire, le maître Wang Xian préconise de commencer par des rotations en partant des pieds et des chevilles puis de poursuivre par les genoux et la taille.

S'ensuivent des mouvements favorisant l'ouverture et la fermeture de la poitrine, entraînés par des exercices d'enroulements et de torsion des épaules et des bras. Le cou a une extrême importance dans la préparation qui favorise de longues rotations de la tête dans un sens puis dans l'autre. La préparation des poignets et des coudes s'effectue de façon classique, les doigts croisés, on enroule le tout de manière très souple. On étire le dos en montant les bras vers le haut et l'arrière, puis on termine en montant les bras latéralement pour les descendre par devant, pour mettre le souffle en ordre et nourrir l'énergie. La préparation peut se terminer par un auto-massage.

Chapitre 3

Conseils en fin de pratique

Il est fréquent de voir les débutants après la pratique, notamment celle du Poing canon, le visage ruisselant de sueur, s'accroupir, s'asseoir, boire de l'eau froide, tout cela est à éviter. De nos jours, les développement de la science notamment en matière de physiologie, et tout particulièrement sur les résultats des recherches sur le système nerveux, mettent en évidence son importance. Il faut :

a) marcher tranquillement pour retrouver le calme,
b) prendre une douche et boire frais seulement après le retour au calme.

Chapitre 4

Applications martiales illustrées du 1er Taolu (42 techniques)

1) Posture du *Wuji*

Les yeux fermés, calmez les pensées ; votre corps baigne dans l'univers.
Le corps détendu, le Qi descend au Dantien ; gardé au chaudron avant le raffinement.
La circulation du ciel antérieur est rétabli ; le Souffle postnatal est bien gardé.

Fig. 4.1

Raffinez l'essence comme origine de la pratique ; raffinez le Qi comme racine.

Retournez à la vacuité comme but ; l'entraînement assidu portera naturellement ses fruits.

Poitrine effacée, côtés rassemblés, légèrement fléchi ; épaules, coudes détendus naturellement.

Bien que debout dans l'immobilité ; le sublime s'élève et m'habite.

L'idée d'un mouvement, l'intention le précède ; je sors la main, un homme parmi dix mille.

Commentaire :

Pour aborder la pratique recherchez d'abord le calme de l'esprit, fermez les yeux et rassemblez votre esprit, tout le corps va se fondre avec l'univers et vous expérimenterez l'état d'indifférenciation primordiale *(Hundun)*. (figure 4.1).

2) Mise en place du Taiji *(Taiji Qishi)*

Debout le corps bien droit ; le regard à l'horizontale porté sur l'avant.
L'énergie élevée au sommet de la tête ; comme suspendu au centre, le cou bien droit.
Bras détendus, mains pendantes, poitrine effacée, taille affaissée ; le Qi se place au Dantien.

Fig. 4.2

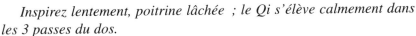

Inspirez lentement, poitrine lâchée ; le Qi s'élève calmement dans les 3 passes du dos.

Fléchissez, transférez le poids à droite ; la jambe gauche suit et se lève.

Une frappe de genou est contenue dans la montée; le pied prend graduellement contact au sol.

Les pieds dans l'alignement des épaules ; le pur s'élève à Baihui, le dense coule à Yongquan.

Commentaire :

Avant de commencer le mouvement, il faut sur l'inspiration guider le *Qi* à partir de la plante des pieds *(Yongquan)* et le faire remonter sur l'arrière des jambes, circuler dans les méridiens *Renmai* et *Dumai*, franchir les 3 passes du dos (le coccyx, le milieu du dos et la nuque) jusqu'à *Baihui,* puis il redescend en passant au *Dantien* supérieur, arrive au confluent des méridiens gouverneur et conception (Pont des pies en haut du palais), avalez le *Qi* avec la salive qui descend au *Dantien* médian, puis retourne au *Dantien* inférieur, de là le *Qi* descend jusqu'aux plantes des pieds en passant par la face interne des jambes accomplissant ainsi une grande révolution céleste, le *Qi* ne peut aussi que s'écouler jusqu'au *Dantien* inférieur.

Fig. 4.3

Pour garantir une meilleure stabilité à la levée de la jambe gauche, l'énergie doit être maintenue au sommet de la tête, la poitrine restée effacée, la taille lâchée, l'énergie des flancs rassemblée vers le bas et l'avant, les orteils du pied droit bien agrippés au sol, la plante du pied vide. La jambe gauche est détendue, la pointe du pied pend naturellement vers le sol, tout le corps maintient l'intention de rassemblement (figure 4.2).

Le pied est posé en correspondance avec la largeur des épaules, le contact au sol se fait progressivement (figure 4.3).

3) Le Gardien Céleste Pile le Mortier *(Jin Gang Dao Dui)*

Inspirez lentement en montant les bras ; les bras élevés ensemble à la hauteur des épaules

Étiré entre le ciel et la terre, la taille comme frontière ; Mingmen et nombril se rapprochent.

Genoux fléchis, hanches relâchées, An ; la respiration inversée pousse l'énergie aux poignets.

Souffle interne manifesté naturellement ; inspirez le pur, rejetez le trouble, plénitude.

Mains en appui devant les hanches ; vers la gauche puis vers la droite dessinez un cercle.

Double saisie aux poignets ; les cercles vous libèrent, la prise devient fumée.
Transférez le poids à droite, ferme et léger ; les mains suivent en Peng vers la gauche.
Étiré vers le haut et le bas, le nombril comme limite ; caché, le lâché au sol, passez le poids.
Corps et mains pénétrés par l'esprit ; gauche en haut, droite dessous, frappe à la poitrine.
D'un souffle, telle la foudre ; maintenez l'étirement, explosez, paumes vers l'extérieur.
Repassez sur la gauche, tournez à droite ; le poing arrive au visage comme une étoile filante.
Peng à droite, Lu à gauche, pressez au sol ; pied gauche levé au côté du genou droit.
Ne vous souciez pas de l'attaque, posez le pied gauche en ménageant le retrait ;
Si l'attaque redouble, marquez Lu avec la main droite puis pressez sur l'avant.
Ventre relaxé, poitrine effacée, le Qi circule vers le haut ; dos du poignet vers l'avant.
Dessaisie à droite puis frappe de paume au bas ventre, la paume est supérieure au poing.
Le crochet droit dans une courbe remonte frapper, le ventre rentré, attaque du genou droit.
Poitrine rentrée, ventre serré, le Qi véritable emplit ; pied écrasant au sol, frappe à la jambe.

Fig. 4.4

Fig. 4.5

Après la position préparatoire, sur l'inspiration élevez les mains à hauteur d'épaules, gardez les épaules relâchées, les coudes vers le bas, les poignets sont fléchis vers le haut. (figure 4.4).

Puis appuyer avec les paumes en *An* vers le bas au niveau des hanches, tout le corps fléchi et accompagne le mouvement d'appui (figure 4.5).

Défense sur saisie

Si l'adversaire vient de face et vous saisit aux poignets, (figure 4.6) effacez alors les poignets vers l'intérieur, puis suivant un mouvement spiralé de la taille et des hanches, vous dessinez devant un cercle horizontalement en allant d'abord un peu sur la gauche pour revenir sur la droite, veillez bien en dessinant avec les mains un demi-cercle au jeu des poignets, allant de l'intérieur et la gauche puis les amenant cassés sur la droite et l'extérieur, il s'agit d'un dégagement circulaire dans le sens des aiguilles d'une montre (figure 4.7).

Fig. 4.6

Fig. 4.7

Fig. 4.8

Fig. 4.9

Poursuivez en relâchant la hanche gauche et faites un pas vers l'avant en pressant aux niveaux de la poitrine et du ventre de l'adversaire avec les paumes, gauche en haut, droite en bas (figure 4.8).

Quand l'on maîtrise l'enchaînement, il est possible d'adapter les techniques aux directions effectives de l'attaque d'un adversaire, ainsi cette technique exécutée de face dans la forme peut s'appliquer par exemple sur le côté gauche si l'adversaire est là, dans ce cas la main droite intercepte l'attaque en *Peng*, puis la gauche vient en soutien en *Lu* et la jambe gauche sort cette fois sur le côté gauche, puis le poids passe sur la gauche pendant que les mains reviennent en double frappe.

Défense sur attaque

Si l'adversaire porte une attaque de face vous esquivez alors en tournant vers la droite, votre main droite vient au contact de l'avant-bras adverse et progressivement glisse au poignet pour le saisir, pouce en bas et les autres doigts au dos de la main de l'adversaire, simultanément votre main gauche saisit l'avant-bras au niveau du creux du coude et fait une action concertée vers le bas, les deux mains placent un *Qinna* en fermeture dans une seule énergie (figure 4.9).

Fig. 4.10

Si l'adversaire peut suivre votre action en marquant une pression en *Ji* vers vous, il convient de reculer le pied droit, d'amener la main gauche dans une action vers le haut et d'appliquer un *Lu* avec la main droite, voire le transformer en *Cai* ou *Lié* pour reprendre l'avantage.

Si vous ne marquez pas de *Qinna,* vous placez le poids du corps sur la droite et appliquez un *Lu* vers la droite, le côté droit est bien détendu au niveau de la hanche, bien ancré sur la droite, les orteils agrippant légèrement le sol, le centre bien stabilisé, vous rapprochez la jambe gauche puis portez une frappe de genou (figure 4.10).

Fig. 4.11

Fig. 4.12

Vous pouvez ajouter une frappe de pied en oblique au niveau du genou adverse, la frappe doit être sèche et rapide, menée avec le soutien de l'ensemble (figure 4.11).

Si vous ne faites pas d'attaque du pied gauche, celui-ci fait un pas pénétrant vers l'adversaire en prenant contact au sol par le bord interne du talon, le pied est ainsi placé à l'arrière de la jambe droite de l'adversaire, quand vous transférez le poids sur la gauche les mains suivent l'action et viennent frapper sur l'avant gauche, la hanche gauche est lâchée, le corps s'oriente vers la gauche (figure 4.12).

Fig. 4.13

Si l'adversaire résiste vous devez rapidement prendre le contrôle de son bras droit et l'attirer sur votre droite, puis vous passez votre bras gauche sous le bras droit de l'adversaire pour l'entourer et le contrôler par une action combinée avec la prise de la main droite au poignet droit, quand l'adversaire ne peut plus bouger librement votre main gauche vient en appui sur la main droite pour renforcer la pression vers le bas sur le poignet droit de l'adversaire (figure 4.13).

Quand vous êtes en *Peng* vers l'avant avec la main gauche que vous vous apprêtez à ramener la jambe arrière, un adversaire vous saisit la main droite au niveau du poignet sur l'arrière, vous alternez alors supination et pronation pour terminer par un enroulement spiralé en supination amenant le poignet cassé vers l'arrière pour vous libérer naturellement de la prise (figure 4.14).

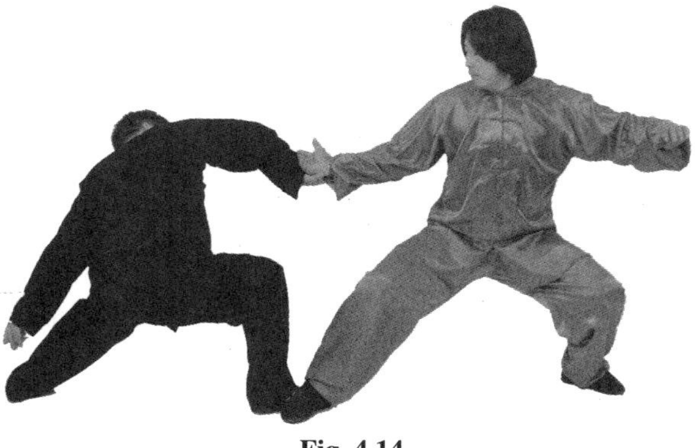

Fig. 4.14

Fig. 4.15

Fig. 4.16

Fig. 4.17

Vous pouvez poursuivre par une action vers l'avant en *Peng* de l'avant-bras gauche à l'horizontale, puis progressivement passez en *Peng* vers le haut, la pied droit fait pression au sol, la main droite repasse sur l'avant pour porter une attaque de paume au bas-ventre (figure 4.15).

La main gauche transforme son action de *Peng* vers le haut en s'abaissant devant le ventre paume vers le haut, pendant que la main droite ferme le poing et remonte dans un arc de cercle porter un crochet vers le haut au menton de l'adversaire, la jambe coordonnée avec un lâcher de la poitrine et un léger rentrer du ventre, se lève, hanche détendue et porte une attaque de genou. Frappe au menton, coup de genou et abaissement de la main gauche doivent se faire dans un seul temps (figure 4.16).

Après la frappe au menton et le coup de genou, le poing droite s'abaisse dans la paume droite, le pied droit frappe directement au sol dans le même temps, les orteils du pied légèrement pliés maintenant une force de réaction élastique après le contact du pied au sol, le son de la frappe doit être comme le tonnerre, pratiquée correctement la répétition de cette frappe au sol ne blesse pas le genou ou le pied (figure 4.17).

Cette technique porte en elle la puissance née de la répétition et de l'entraînement, l'énergie pressera dans toutes les directions, le poing droit évoque l'action du pilon qui s'abat, le bras gauche la forme arrondie du mortier et évoque le poids et l'enfoncement, quand les mains sont réunies il y a l'idée de protéger le cœur.

4) Attacher le Pan du Vêtement avec Indolence *(Lan Zhai Yi)*

À partir de la position précédente, l'on vient vous saisir aux poignets sur l'avant, relâchez la partie gauche de l'entrejambe, tournez le corps sur la gauche pendant que vous ouvrez le poing droit, amenez les paumes sur le côté gauche, puis faites les décrire un demi-cercle vers le haut, en paumes qui percent doigts vers le haut, afin de vous libérer de la prise (figure 4.18).

Fig. 4.18

Fig. 4.19

Si l'adversaire vient porter une frappe sur votre gauche déployez vos bras en ouverture, la main gauche en bas, la main droite vers le haut, votre main gauche vient intercepter l'attaque à l'oblique vers le bas, (figure 4.19).

Fig. 4.20

Si maintenant un adversaire vous menace sur votre droite, évaluez d'abord sa distance pour adapter la meilleure réponse ; s'il est près de vous, faites d'abord un demi-pas du pied droit pour rentrer entre ses jambes puis votre paume droite vient au contact en pronation pour diriger et contrôler l'attaque, puis utiliser l'extérieur du bras droit pour frapper sur le côté droit. Quand votre bras droit écarte sur le côté veillez dans un premier temps à placer votre jambe droite plutôt en ouverture puis opérez une fermeture au niveau du genou droit, ceci afin que le haut du corps travaille en ouverture et le bas du corps en fermeture ainsi après votre contre-attaque l'adversaire peut difficilement s'échapper et reste sous votre contrôle (figure 4.20).

Si l'adversaire peut neutraliser votre frappe sur la droite en appliquant un *An* sur votre bras et revient pour vous repousser, il convient alors de repasser en supination pour suivre son action et la guider vers le bas puis vers le haut, pendant le temps d'absorption vous soulevez à nouveau le pied droit et refaites un pas vers l'adversaire, relâchez la partie droite de l'entrejambe, tournez sur la droite, le pied gauche presse au sol avec le bord interne du talon, le poids est transféré sur la droite, la main droite repasse en pronation

Fig. 4.21

Fig. 4.22

Fig. 4.23

pour aider l'action de l'épaule droite qui vient heurter l'adversaire sur la droite (figure 4.21).

Si l'adversaire est très près de vous il est naturel de frapper avec l'épaule, s'il est plus loin vous utilisez le coude pour porter l'attaque (figure 4.22), s'il est assez loin vous portez alors une frappe du tranchant (figure 4.23), mais dans tous les cas il convient de synchroniser la frappe avec une certaine fermeture de l'entrejambe, la torsion adaptée de la taille pour dynamiser la rotation du bras droit, ainsi la frappe se fera dans le temps juste et avec force.

Les anciens portaient une tunique plutôt longue peu adaptée à certains mouvements, ce mouvement fait donc référence au geste de dégagement de la tunique pour la placer sur la gauche à la taille, les quatre doigts sur le devant, le pouce vers l'arrière, la paume est vers le bas. Le bras gauche est *Yang,* la flexion du coude est *Yin*, il s'agit donc d'une représentation du *Yin* caché dans le *Yang*. Le bras droit lui se déploie de la gauche vers la droite dans une courbe vers le haut, l'action part de la taille qui presse à l'épaule qui transmet au coude qui presse au niveau de la main, le bras est en extension à 90 %, l'énergie interne s'exprime en même temps dans la détente et la pesanteur, elle circule bien dans l'axe du bras ni trop devant ni trop à l'arrière, jusqu'à la pulpe du majeur. Cette énergie vient du centre, elle passe par le centre du pectoral droit, puis à l'aisselle, gagne l'épaule et le centre de l'os du bras, puis à partir de la moelle osseuse elle gagne le muscle et l'épiderme. Le corps se tasse progressivement et manifeste les coordinations de l'intérieur et de l'extérieur, l'entrejambe maintient la fermeture dans l'ouverture et vice et versa, dans l'ouverture il y a pression dans toutes les directions.

Fig. 4.24

Fig. 4.25

5) Six Verrouillages et Quatre Fermetures *(Liu Feng Si Bi)*

À partir du mouvement précédent, relâchez la hanche droite, tournez le corps sur la droite et placez bien le poids sur la droite, en même orientez la paume droite vers l'extérieur et amenez la main gauche de la gauche sur la droite et le haut, paume vers la droite, les deux mains forment l'attitude préparatoire à un *Lu*. Veillez quand vous élevez et rapprochez la main gauche au maintien de la séparation du haut et du bas à partir de la frontière de la taille, les expressions de l'énergie restant opposées entre le haut et le bas, le regard se porte sur l'avant et la droite (figure 4.24).

Appliquez un *Lu* en tirant au loin sur le côté gauche vers l'extérieur, la main gauche travaille en supination vers le bas, le tranchant de la main droite applique la force à l'arrière du coude de l'adversaire. Veillez en faisant *Lu* à gauche au lâcher de la hanche gauche qui donne à la droite, à maintenir l'effacement de la poitrine, au léger resserrement des côtés sur le devant, au lâcher des épaules et des coudes, à la torsion de la taille et du dos afin que l'énergie s'applique dans une unité, autrement le risque d'une action dispersée et sans force persiste (figure 4.25).

Fig. 4.26

Sur la base d'un *Lu* vous pouvez le faire évoluer en *Cai*, pour ce faire il convient de transformer la ligne d'action du tranchant de la main droite en appliquant la force vers le sol pour y amener l'adversaire (figure 4.26).

Fig. 4.27

Fig. 4.28

Une autre variante de *Lu* consiste à ajouter une attaque subite de la jambe placée entre les jambes de l'adversaire, il s'agit dans un premier temps de disperser l'attention de l'adversaire par le heurt très sec en bas puis la main gauche agit en pronation vers le bas tandis que l'avant-bras droit presse le bras adverse vers le haut, l'ensemble est réalisé en une sortie de force vers l'avant et la droite ou vers le bas suivant la place de l'adversaire (figure 4.27) les actions d'amener le bras de l'adversaire vers le haut, et la sortie de force sur l'avant sont exécutées dans un temps très bref en coordination avec l'action de la jambe.

Le placement du corps dans un *Cai* sur un *Lu* est le même que dans un *Lu* simple, à savoir le lâcher de la hanche gauche qui peut donner à la droite, la pression du pied droit au sol et le juste transfert du poids sur la gauche, l'orientation du corps sur la gauche, l'action de tirer de la main droite s'achève en face du pectoral droit, au moment du changement de la ligne d'action, la pression vers l'avant de l'avant-bras droit doit être synchrone avec le ramener vers l'intérieur de la main gauche, les deux énergies étant appliquées en parfaite coopération, l'adversaire étant dans un premier temps contrôlé puis rejeté vers l'avant (figure 4.28).

Dans les débuts il convient de s'exercer lentement et dans la précision, en effet dans la sortie de force il est facile de blesser le coude du partenaire.

Fig. 4.29

Quand la main droite achève son *Lu* face à la ligne médiane du corps, relâchez les bras, le gauche s'étend à l'horizontale sur le côté gauche, paume vers l'extérieur. Le bras droit est plié, le dos de la main en contact léger avec le pectoral gauche paume vers l'avant (figure 4.29). Relâchez la hanche droite qui donne à la gauche, tournez le buste sur la droite, pendant le transfert du poids sur la droite le pied gauche décrit un arc de cercle sur l'arrière dans une technique de balayage, puis vient se poser sur la pointe près de l'intérieur du pied droit, les mains

Fig. 4.30

Fig. 4.31

Fig. 4.32

accompagnent l'action du pied et viennent en pression horizontale en *An* sur le côté droit, main droite devant, gauche en retrait (figure 4.30).

6) Simple Fouet *(Dan Bian)*

La main gauche va sur l'avant, la droite va sur l'arrière, le dos du poignet gauche exprime *Peng* vers l'extérieur tandis que le poignet forme un crochet avec les doigts dirigés à l'oblique vers le bas et l'intérieur ; la main gauche repousse vers l'avant le bras de l'adversaire, le crochet de la main droite contrôle le bras au niveau du coude, les deux forces convergent vers la ligne médiane du corps, l'avant-bras et le poignet formant un *Qinna* dans une position triangulaire (figure 4.31)

À partir de la position précédente tournez les bras pour adopter une transition en forme de tenue d'un ballon, la main gauche passe dessous, la droite au dessus. La main gauche poursuit sa ligne en venant se placer paume vers le haut devant le ventre. À ce moment si un adversaire vient sur la droite et saisit les doigts de votre main droite, vous utilisez une spirale en pronation pour rassembler les doigts par leur pointe et amenant la main au-dessus de la paume gauche, vous continuez le mouvement en élevant le bras à l'oblique sur le côté droit du corps, pendant le mouvement d'ouverture vous formez le poignet droit en crochet pour arriver à la fin du mouvement à vous libérer de la prise des doigts (figure 4.32).

Dans l'extension du bras droit sur le côté il convient de laisser la poitrine et le ventre bien détendus et plutôt en légère expansion afin de renforcer la ligne principale du mouvement, par contre il faut veiller à abaisser la partie du corps située sous le nombril pour maintenir l'étirement entre le haut et la bas du corps, cela permet d'étirer le corps dans toutes les directions et évite de sortir de son espace d'efficacité lors de l'action, la base reste bien stable.

Afin de mieux cerner la finesse des transformations de ce temps du Simple fouet, nous allons étudier deux exemples ; nous venons de voir une application sur une saisie des

Fig. 4.33

Fig. 4.34

doigts mais dans le cas d'une prise au niveau de la main ou du poignet cette technique d'amener le poignet en crochet avec rassemblement des doigts est inopérante.

Exemple 1 : Si l'adversaire vous saisit en supination au niveau de l'articulation médiane de la main il convient de suivre en restant détendu en passant en pronation et de diriger la ligne de force à l'oblique et vers le haut et la droite pour transformer la prise, en même temps vous faites un pas du pied droit entrant dans l'adversaire tandis que votre paume gauche vient se placer contre la partie gauche du dos dégagée, vous amenez alors l'adversaire en position de déséquilibre inclinée, en combinant l'action de guider sur la droite, la frappe de la main gauche vers la droite vous portez alors une frappe d'épaule latérale. Il faut que la traction sur la droite, la frappe au dos, le pas rentrant et le coup d'épaule soient exécutés de façon synchrone pour que l'énergie soit entière et l'action très rapide (figure 4.33).

Exemple 2 : Si cette fois l'adversaire vous saisit la main en pronation, il convient de suivre en supination (figure 4.34) mais votre réaction en expansion et en relâchement de tout le corps est différente, vous devez compenser le peu de mobilité au niveau de la prise par un mouvement du corps dans son ensemble et porter une attaque ; au moment où l'on vous tord en pronation vous passez en supination avec un lâcher de la hanche droite et en vous penchant un peu sur la côté droit et en bas, en même temps votre main gauche prend contact avec le flanc droit de l'adversaire, vous faites un pas rentrant du pied droit vers l'avant, votre bras droit continue de s'étendre sur la droite, et vous poussez l'adversaire avec la main gauche sur l'avant et la droite. Là encore le déplacement rentrant, l'allongement du bras droit et la frappe de la main gauche doivent être synchrones (figure 4.35).

Fig. 4.35

Fig. 4.36

Fig. 4.37

Après vous être libéré de la prise, rentrez légèrement la poitrine, resserrez un peu les côtés sur l'avant, le crochet droit est posé sur la droite, la main gauche paume vers le haut est placée devant le ventre, en même temps relâchez la hanche droite, fléchissez sur la jambe et ramenez la jambe gauche comme un crochetage en remontant (figure 4.36), vous pouvez enchaîner par une attaque de pied sur la gauche (figure 4.37).

Si vous n'avez pas à frapper du pied gauche, vous continuez de fléchir sur la jambe d'appui et faites un pas sur la gauche à l'extérieur de la jambe d'un adversaire en prenant soin de poser le talon en premier au sol. Sans temps mort lâcher la hanche gauche qui va donner à la droite, le pied droit fait pression au sol et en transférant le poids sur la gauche frappez à l'extérieur avec l'épaule, le coude ou la main en fonction de la distance de l'adversaire (figures 4.38, 4.39, 4.40).

Fig. 4.38

Fig. 4.39

Fig. 4.40

Fig. 4.41

Fig. 4.42

Le dernier temps de la technique du Simple fouet est une ouverture des bras sur les côtés, il est en analogie avec fouet déployé sur un claquement, avec de nombreuses possibilités de transformation et une certaine violence du coup.

Abattre le poing comme le tonnerre.

À partir du mouvement précédent, lâchez la partie gauche de l'entrejambe, continuez d'investir le poids sur la gauche, tournez le corps sur la gauche pendant que vous abaissez le bras gauche et amenez le bras droit en oblique vers le bas et la gauche après l'avoir relâché. La main droite arrête son mouvement devant le ventre, les doigts sont dirigés à l'oblique vers le bas, paume vers la gauche. Opérez un lâcher de la hanche droite qui va donner à la gauche, le pied gauche presse au sol et le poids passe sur la droite, pendant le transfert du poids les bras remontent pour former un *Lu* sur l'arrière. La suite de la technique a déjà été abordée au second mouvement.

7) La Grue Blanche Déploie ses Ailes *(Bai He Liang Chi)*

À partir du dernier temps du mouvement précédent, si l'on vient vous saisir aux poignets, relâchez alors la partie gauche de l'entrejambe, orientez le buste sur la gauche, en même temps les mains font d'abord une absorption sur la gauche puis reviennent en arc de cercle en paume perçante vers le haut pour se libérer comme le premier temps de « Soutenir le pan du vêtement ».

Installez bien le poids sur la droite et faites un pas de retrait avec le pied gauche, pendant ce temps les bras s'ouvrent, gauche vers l'arrière et le bas, droit vers l'avant et le haut (figure 4.41).

Pendant le temps de recul du pied, tournez le corps sur la gauche, la base de la paume droite peut frapper un adversaire venant de l'avant au visage ou à la poitrine. Veillez cependant lors de cette frappe à allonger le bras qu'à 80 % afin de ne pas sortir de son espace de sécurité et se mettre en danger par des transformations maladroites, le regard suit la main et se focalise sur l'impact (figure 4.42).

Fig. 4.43

Fig. 4.44

Fig. 4.45

Enchaînez avec un lâcher de la hanche gauche et placez le poids sur l'arrière puis levez le pied droit pour l'amener devant le gauche pendant que les mains viennent se croiser devant la poitrine, gauche au-dessus, droite au-dessous (figure 4.43).

Poursuivez en reculant le pied droit dans un mouvement circulaire sur l'extérieur puis portez y le poids, le pied gauche est ramené posé sur la pointe devant le pied droit, pendant que les bras sont déployés sur les côtés, le droit vers le haut, le gauche vers le bas (figure 4.44).

Le mouvement de la grue qui déploie ses ailes imite la grue qui aime à ouvrir les ailes au coucher du soleil et à signaler le danger, il s'agit d'une technique qui utilise l'absorption et la contre-attaque, extérieurement la gentillesse et la souplesse dominent mais en réalité il s'agit d'une technique offensive, c'est l'expression de fermeté au sein de la souplesse. Cette technique figurant la grue rappelle également que dans la pratique il convient de rechercher à nourrir le souffle originel.

8) Marche en Oblique *(Xie Xing)*

À partir du mouvement précédent si l'on vient vous pousser au bras droit sur votre droite, opérez un lâcher de la partie gauche de l'entrejambe et tournez le corps sur la gauche, en même temps votre bras droit passe en supination et dévie la pression de la droite vers la gauche, poursuivez en lâchant la droite de l'entrejambe et amenez le bras droit en pronation vers le bas et la droite, arrêtant sa course devant le ventre, paume vers le sol, la main gauche suit le mouvement en remontant pour venir frapper l'adversaire sur la droite au niveau de la poitrine (figure 4.45).

Si l'on vous porte une attaque de poing de face, tournez alors sur la gauche, la main droite venant intercepter l'attaque, puis relâchez l'entrejambe droit et tournez sur la droite,

Fig. 4.46

Fig. 4.47

Fig. 4.48

la main gauche vient au contact du coude et vous placez un *Lu* vers le bas, la main gauche poursuit sa pression par une attaque en *Cai* vers le bas ((figure 4.46).

Si l'on vient vous frapper sur l'avant à partir du mouvement précédent, interceptez d'abord en venant au contact avec le bras droit, la main gauche monte au coude et les deux mains marquent un *Peng-Lu* vers la droite. Ensuite faites un demi-pas du pied gauche sur l'avant, relâchez la hanche gauche qui donne à la droite, orientez vous sur la gauche. Les mains changent alors leur ligne d'action en revenant presser sur l'avant au niveau du bras tiré de l'adversaire pour le fermer sur sa poitrine, la main gauche est en haut, la droite en dessous (figure 4.47).

Une variante du mouvement précédent consiste au lieu de marquer un *Cai* vers le bas, à appliquer un *Peng* vers le haut, la main gauche montant en arc de cercle vers le haut pour appuyer l'action de la main droite, le tranchant de la main venant en *Lu* vers le haut, en même temps vous pouvez porter une attaque en levant la jambe gauche (figure 4.48).

Vous pouvez également porter une frappe de pied au genou. Veillez bien quand vous faites le *Lu* vers le haut et levez la jambe gauche, à maintenir le lâcher de la poitrine, le léger serré des côtés, la taille reste la limite entre le haut et le bas pour conserver l'étirement entre le haut et le bas du corps, la base reste stable, le fait de porter une attaque de pied ne vous met pas en danger, l'impact est très précis (figure 4.49).

Fig. 4.49

Si vous ne portez pas d'attaque de pied, après avoir intercepté l'attaque et dévié le bras sur la droite, vous faites un pas du pied gauche en avant, la main gauche monte dans un arrondi vers l'avant et la droite pour venir passer sous le bras droit et à l'intérieur afin

Fig. 4.50

Fig. 4.51

de l'enrouler, il convient de placer un *Qinna* vers le bas en combinant l'action des bras et de la poitrine (figure 4.50).

Si vous ne passez pas de *Qinna* vous appliquez d'abord un *Lu* sur la droite puis avancez le pied gauche derrière la jambe avant de l'adversaire, la main gauche arrête son *Lu* en face de la ligne médiane du corps et vous remontez le coude, dans un lâcher de la hanche gauche vous transférez le poids sur l'avant puis revenez en portant une attaque de pointe de coude (figure 4.51).

Fig. 4.52

Après avoir contrôlé le poignet de l'adversaire et tiré sur la droite, faites un demi-pas du pied gauche vers l'avant pendant que vous amenez votre bras gauche fléchi sous le bras droit de l'adversaire, la main droite agit alors en *Cai* vers le bas, (figure 4.52).

Continuez de transférer le poids sur l'avant, tournez le corps sur la gauche en vous inclinant sur le côté gauche en venant heurter l'adversaire avec l'épaule ou le bras. Il s'agit de la technique d'épaule au niveau médian, mais si vous travaillez très bas, votre épaule est très près du sol (environ 25 cm), il s'agit du coup d'épaule à 7 *cun*, (figure 4.53).

Après le coup d'épaule, élevez à hauteur de l'épaule gauche la main gauche en crochet en relâchant bien l'épaule et le coude, en même temps le bras droit s'ouvre en arc de cercle sur le côté droit, puis le bras est amené en flexion, la paume verticale est ramenée sur l'avant en face de l'épaule droite. Le corps continue de revenir sur la gauche

Fig. 4.53

Fig. 4.54

et si un adversaire survient sur l'avant vous lui portez une attaque de la paume en supination.

Après la frappe de la paume droite le corps s'oriente sur la droite, le bras droit se déroule à nouveau sur la droite d'abord au niveau de l'épaule puis le coude et la main dans une frappe sur le côté droit. Cette dernière action est similaire à celle de « Soutenir le pan du vêtement », seuls le placement et la direction sont différents, dans *Lan Zhayi* le posé de la main droite se fait à la verticale de la jambe droite, les alignements des membres sont en carré *Sizheng*, alors qu'ici au temps final le posé de la main droite n'est pas à la verticale du pied droit mais sur l'intérieur, les quatre membres ne sont pas alignés à la verticale mais à l'oblique en décalé *Siyu*, (figure 4.54).

Ce mouvement fait référence aux quatre directions angulaires *Siyu* ; le pied gauche est placé dans l'angle sud-ouest, le pied droit donc au nord-est, la main gauche après avoir brossé le genou remonte et arrête sa course au sud-est, la main droite après son passage à l'oreille se déploie sur la droite à l'angle nord-ouest, ce placement permet une grande mobilité.

9) Envelopper le Genou et Pas en Avant *(Louxi Aobu)*

Après le mouvement précédent, abaissez le centre de gravité en passant le poids sur l'arrière, les mains venant des côtés se rapprochent sur la ligne médiane dans un mouvement de soulever, épaules et coudes sont bien abaissés, la poitrine effacée et la taille affaissée, les côtés légèrement resserrés sur l'avant (figure 4.55).

Quand le poids est complètement transféré sur la droite, levez et ramenez le pied gauche, puis posez la pointe au sol devant le pied droit, pendant le retrait de la jambe avant,

Fig. 4.55

Fig. 4.56

Fig. 4.57

les paumes continuent leur action de soulever puis viennent se placer en garde, mains en tranchant gauche devant, droite en retrait devant la poitrine (figure 4.56).

Lâchez la hanche droite, fléchissez davantage sur la jambe d'appui, les orteils fermement ancrés au sol, tournez le corps sur la droite, les mains passent de l'avant sur l'arrière droite en marquant un *Lu*, en même temps levez le genou gauche pour porter une attaque au ventre ou à la hanche. En portant la frappe du genou veillez à maintenir le rentré de la poitrine et du ventre, la pointe du pied doit être bien relaxée et pendante pour que le point d'impact soit net et puissant (figure 4.57).

Fig. 4.58

Après la frappe le corps continue de s'abaisser, quand l'appui dans la jambe droite est bien ferme faites un pas du pied gauche sur l'avant en prenant contact au sol avec le talon, pendant le déplacement sur l'avant, les mains enchaînent en remontant sur l'arrière puis reviennent sur l'avant, le bras gauche devant le droit en retrait, puis en coordination avec le transfert progressif du poids sur la gauche, la main gauche vient intercepter devant le genou gauche dans un mouvement d'ouverture vers le bas, tandis que la main droite vient se placer devant l'épaule droite (figure 4.58).

Fig. 4.59

Le poids passe sur la gauche et le corps s'oriente à gauche pendant que le pied droit se lève et fait un pas en avant en posant le talon en premier au sol, si l'on vous porte une attaque du poing droit, la main gauche vient l'intercepter sur l'intérieur en soulevant tandis que la paume droite porte une frappe à la poitrine ou au ventre (figure 4.59).

Fig. 4.60

Fig. 4.61

Portez le poids sur l'avant et ouvrez le pied droit sur l'extérieur, le pied gauche fait pression au sol et fait un pas au sud-ouest. La main droite descend pour venir écarter à l'intérieur du genou droit puis passe en *An* sur l'extérieur de la jambe droite. La main gauche remonte en arc de cercle et passe sur l'avant doigts vers le haut dans l'avancée de le jambe gauche, puis quand le poids passe sur la jambe gauche vous vous inclinez vers le bas pour porter un coup d'épaule. Le bras droit peut se replier et venir en appui avec la main pour aider la frappe d'épaule (figure 4.60).

Dans cette technique est présente l'idée de dévier vers le haut puis d'appuyer vers le bas, les bras se rassemblant sur l'avant, puis tirant sur l'arrière. Le terme *Ao* prend le sens de courber, briser, la direction du pas se fait en biais et sur l'avant, l'idée est celle d'une avancée offensive. Les cercles que décrivent les mains dans ces techniques illustrent bien que le cœur du *Taiji* est dans l'énergie enroulée en spirale, dans les trajectoires circulaires, il n'y a pas d'aller et retour direct dans les plans horizontal et vertical, tout doit être ramené à un cercle.

Fig. 4.62

10) Coup de Poing Couvert par la Main *(Yan Shou Gong Quan)*

Après le pas du pied gauche, amenez les mains croisées devant le ventre gauche dessus, droites en dessous (figure 4.61).

En passant le poids du corps sur la jambe gauche ouvrez les bras dans l'idée de frapper sur l'avant et l'arrière, portez d'abord le regard sur la gauche puis sur la droite, la paume gauche frappe sur l'avant, (figure 4.62).

Fig. 4.63

Fig. 4.64

Le bras droit utilise le coude pour frapper sur l'arrière, le regard est porté à l'oblique sur le côté droit. Après l'ouverture des bras, ceux ci continuent sur l'extérieur et remontent au niveau des épaules, il convient de coordonner les frappes en ouverture avec un abaissement du centre de gravité, l'expiration et l'effacement de la poitrine, le regard se porte d'abord sur la main maître puis sur l'action secondaire (figure 4.63).

Continuez l'enracinement et l'expiration tandis que les bras se referment sur la ligne médiane en arc de cercle, le bras gauche est fléchi à 45°, la main gauche est en paume sur l'avant gauche. Le poing droit est amené paume vers le haut contre le côté droit, l'énergie de tout le corps se rassemble, le regard est sur l'avant (figure 4.64).

Relâchez la hanche gauche, faites pression au sol avec le pied droit et transférez le poids sur la gauche, le corps s'oriente sur la gauche, le bras gauche est ramené en supination sur le côté gauche dans une frappe de coude vers l'arrière, en même temps le poing droit se porte sur l'avant en pronation. L'efficacité de la sortie de force repose sur la détente de tout le corps et la rotation de la taille et du dos sur l'expiration, l'intention doit précéder le poing, le point d'impact est alors très précis (figure 4.65).

Fig. 4.65

Le sens du nom de cette technique vient du placement de la main gauche sur l'avant pour protéger le poing droit, le cacher ou le couvrir. Le terme *Gongquan* évoque l'importance du bras (ici l'humérus) dans la frappe de poing, en effet au début il est contre le côté droit du corps puis est propulsé vers l'avant dans un mouvement spiralé, l'énergie passe alors du bras à l'avant-bras pour finalement s'exprimer dans le poing.

Le chemin emprunté par l'énergie dans le coup de poing doit être clair ; la sortie de force débute par la pression au sol du pied droit qui fait remonter l'énergie dans la jambe, au dos, sortir à l'épaule et atteint l'impact du poing. Le temps de rassemblement, de préparation doit être respecté pour l'efficacité du *Fajing*. L'énergie qui vient du sol doit suivre l'intention, le cœur, un mouvement de la pensée et le *Qi* surgit du *Dantien* jusqu'à la main, c'est la force de tout le corps qui est mise en œuvre. Selon la distance où est l'adversaire vous pouvez librement utiliser le poing, le coude ou l'avant-bras pour frapper ou faire chuter.

Le Gardien Céleste Pile le Mortier

Reportez le poids sur la jambe droite, tournez le buste à droite, le coude droit dessine un arrondi vers le haut, le poids repasse sur la gauche pendant que le pied droit s'ouvre, la main droite remonte en paume *Liao* puis portez une attaque de poing en uppercut, puis abaissez le poing et heurter le sol.

11) Draper le Corps avec les Poings *(Pie Shen Chui)*

Passez le poids sur la droite et faites un demi-pas du pied gauche sur le côté. En même temps ouvrez les poignets sur les côtés, les doigts se faisant face, en double attaque de *Peng* sur l'extérieur (figure 4.66).

Transférez le poids sur la gauche et faites un pas latéral sur la droite, un adversaire vous saisit au niveau du poignet droit, vous formez alors les poings, le bras droit tourne dans le sens inverse des aiguilles d'une montre, le gauche dans le sens des aiguilles, le gauche descend et le bras droit remonte pour attirer la pression de l'adversaire et libérer la prise, tandis que le bas du corps entre dans le défense (figure 4.67).

Fig. 4.66

Fig. 4.67

Fig. 4.68

Fig. 4.69

Relâchez la hanche droite et tournez le buste vers la droite, pliez le bras droit et pressez vers le bas pour porter une frappe de dos et d'épaule sur le côté droit (figure 4.68).

Si la technique est exécutée en position très basse il s'agit du coup d'épaule dit à 7 *cun* du sol, il convient que l'énergie heurte bien vers le haut et de maintenir un axe au sein de l'inclinaison du mouvement afin d'éviter que l'adversaire puisse exploiter une perte du centre (figure 4.69).

Fig. 4.70

Relâchez la partie gauche de l'entre-jambe et orientez-vous sur la gauche pendant que les bras remontent sur la droite dans une action d'attirer et guider l'énergie adverse, le poing droit en haut le gauche en bas, puis opérez un second lâcher de l'entre-jambe gauche, tournez sur la droite et passez le poids sur la droite, le poing gauche suivant la rotation marque d'abord une frappe vers le haut puis revient se placer par le dos du poing contre le côté gauche, pendant que le poing droit se retourne et forme un *Peng* sur l'extérieur et que l'épaule ou l'avant-bras droit porte une frappe sur l'arrière (figure 4.70).

Le nom de cette technique évoque la forme du corps en virgule et l'idée de protéger, d'abriter et de rejeter sur le côté. Les bras protègent le corps, le poing droit est en protection de la tête, le gauche en protection à la hanche, l'avant et l'arrière peuvent être gardés.

Le pas sur le côté est accompagné par l'ouverture des bras sur les côtés à partir de la ligne médiane du corps, l'action de la main droite précédant légèrement celle de la main gauche, avant de faire le grand pas faites des demi-pas sur les côtés pour une meilleure absorption de l'attaque, puis la main droite attirant la pression adverse vers le haut et le pied droit refait un demi-pas sur le côté, ainsi les pieds sont écartés en deux fois d'un

Fig. 4.71

Fig. 4.72

mètre, le haut du corps s'incline alors sur la droite, la hanche gauche se casse sur l'intérieur, le regard se porte sur la pointe du pied gauche, le poing droit, le coude gauche et la pointe du pied gauche sont dans le même prolongement, les articulations du haut et du bas du corps restent en correspondance, le haut et le bas sont correctement reliés.

12) Le Dragon Vert Émerge de l'Eau *(Qin Long Chu Chui)*

Si du côté droit l'on vient faire pression sur votre bras droit, lâchez alors la hanche droite, tournez le buste sur la droite, faites avec les bras une action de *Lié* sur la droite en élevant la main gauche dans le sens inverse des aiguilles d'une montre pour appuyer l'action principale du bras droit qui s'abaisse sur la droite dans le sens des aiguilles d'une montre, les deux énergies sont bien combinées, le regard se porte sur la droite (figure 4.71).

Un nouvel adversaire vous menace ensuite sur l'avant et la droite, videz la partie gauche de l'entrejambe, et tournez le buste à gauche, les bras suivent la rotation du corps, la main gauche descend vers l'extérieur de la jambe gauche tandis que la droite dans un arc de cercle dans le sens inverse des aiguilles d'une montre vient frapper au bas-ventre avec le dos du poing (figure 4.72).

Le poing droit revient à la hanche droite dans un arc de cercle dans le sens des aiguilles pendant que vous formez le poing gauche et portez une attaque en remontant au bas-ventre d'un adversaire (figure 4.73).

Fig. 4.73

Fig. 4.74

Fig. 4.75

La main gauche remonte pour intercepter et tirer en *Lu* vers la gauche une attaque du poing droit d'un adversaire, simultanément votre poing droit porte une attaque basse à l'oblique au bas-ventre, la paume du poing est dirigée vers l'arrière dans ce type de frappe (figure 4.74).

Les deux frappes ci-dessus doivent s'enchaîner, d'abord le crochet remontant au bas ventre puis la seconde frappe vers le bas, les deux attaques sont portées dans un seul temps.

Si après le dernier coup de poing au bas-ventre on parvient à vous saisir au poignet, vous remontez l'avant-bras en supination en marquant une frappe explosive très brève de la poitrine, vous repliez le bras de 180° pour porter une attaque de coude en remontant. Pendant la frappe, votre flanc gauche se resserre tandis que le flanc droit se déploie, le haut et le bas du corps sont étirés dans des directions opposées, ceci permet entre autres un impact précis pour l'attaque de coude (figure 4.75).

Cette technique se nomme également *Zhi Dang Chui*, frappe de poing au bas-ventre et *Bei Zhi Kao*, la percussion avec le dos. L'alternance des frappes gauche et droite des poings, les explosions brèves évoquent les jeux du dragon dans l'eau. Après la dernière frappe au bas-ventre la main droite s'ouvre et s'abaisse, la main gauche s'ouvre aussi et se présente sur la droite, les mains prennent la forme d'un *Lu* et dans un premier temps tirent sur le côté gauche, le poids du corps repassant alors sur la gauche, dans un second temps le poids revient sur la droite, fermez à nouveau les poings et portez une attaque percutante avec l'épaule et l'omoplate droit sur le côté droit, le lancer des poings sur le côté aide la dynamique du mouvement, ici la transition par le *Lu* à gauche est très nette et l'amplitude du mouvement est importante, peu à peu il faut tendre vers un mouvement très discret et des plus explosifs, cela nécessite un long entraînement.

La frappe du coude vers le haut s'enchaîne après le coup d'épaule, le bras droit se replie à 180° en suivant le recueillement de l'énergie vers le bas, puis remonte en frappe *Tiao* vers le haut dans une dynamique d'ouverture, il convient cependant de saisir d'une part que les temps de préparation et d'explosion du coup de coude doivent intervenir en un instant très bref et d'autre part qu'il faut maintenir l'étirement entre le haut et le bas du corps au moment de la frappe pour maintenir la stabilité et assurer une frappe précise.

Ces 3 techniques doivent s'enchaîner peu à peu de manière très rapide.

13) Double Frappe des Paumes *(Shuang Tuishou)*

Fig. 4.76

Fig. 4.77

Fig. 4.78

Relâchez la droite de l'entrejambe, orientez le buste sur la droite, le poids du corps passe sur la droite pendant que les mains, droite en avant et gauche en retrait, appliquent un *An* sur le côté droit au niveau de la poitrine d'un adversaire, le regard se porte sur la droite et l'avant (figure 4.76).

Après le *An* relâchez la gauche de l'entrejambe, faites pression au sol avec le pied droit et transférez le poids sur la gauche pendant que les mains appliquent *Lu* sur la gauche, la main gauche agit en pronation vers le bas, le tranchant de la main droite fait pression au coude, suivant un *Dalu* le corps s'abaisse graduellement jusqu'au moment ou votre main droite est au niveau du milieu de la poitrine, l'adversaire est alors au sol (figure 4.77).

Les bras arrêtent leur action en *Lu* et se détendent, le gauche s'étire sur la gauche à hauteur d'épaule tandis que le bras droit fléchi amène la main droite devant le pectoral gauche, les paumes sont dirigées vers l'avant. Pendant ce temps le pied gauche s'ouvre et le poids passe complètement dessus, le corps continue de s'orienter vers la gauche, le pied droit se lève et se place en protection de l'entrejambe et peut porter une attaque sur l'avant et la droite, vous faites alors face au nord ouest (figure 4.78).

Si vous ne portez pas de coup de pied vous faites un pas sur l'avant, le pied gauche fait un pas suivi et se repose sur la pointe à côté du droit, pendant le déplace-

Fig. 4.79

Fig. 4.80

Fig. 4.81

ment vous portez une attaque des deux paumes vers l'avant, la main droite en avant, la gauche plus en retrait (figure 4.79).

14) Regarder le Poing Sous le Coude *(Zhou Di Kan Quan)*

Après la poussée des paumes, les mains se séparent, la gauche vers le bas, la droite vers le haut, puis les mains continuent leurs cercles, la gauche remonte sur la gauche et entraîne le pied gauche qui fait un demi-pas sur l'avant, les pieds sont distants d'une trentaine de cm, la main gauche en tranchant vertical est sur l'avant et la gauche tandis que vous formez le poing droit et le placez en préparation sur le côté droit (figure 4.80).

Relâchez la gauche de l'entrejambe, frappez du poing droit en pronation sous le coude gauche. Il est aussi possible après la double frappe de paume de dégager en *Peng* avec les bras, d'abord le droit puis le gauche, des attaques de poing puis d'enchaîner par un pas vers l'avant, la main gauche soulevant en *Peng* l'attaque adverse tandis que le poing droit vient frapper en crochet latéral sur le côté gauche (figure 4.81).

Cette technique présente un attaque de poing sous le coude d'un bras fléchi en protection, le déroulement du mouvement ménage un temps de feinte et d'attaque réelle, les jambes restent bien fléchies, l'entrejambe bien arrondi.

15) Dérouler les Bras sur l'Arrière *(Dao Juan Gong)*

Après la frappe sous le coude, orientez le buste sur la gauche, la main gauche descend dans un arc de cercle dans le sens des aiguilles vers l'avant du genou gauche puis protège

Fig. 4.82

Fig. 4.83

sur l'extérieur, ouvrez le poing droit et amenez la main droite en pronation sur l'avant et portez une attaque en *Peng* sur la droite, le regard est sur l'avant (figure 4.82).

Transférez le poids sur la gauche, la main gauche remonte graduellement au niveau de l'épaule, si l'on vous saisit au niveau du poignet gauche continuez de plier le bras pour faire lâcher la prise contre l'épaule gauche, la paume gauche est orientée vers l'avant, la main droite passe elle en supination, le bras semi-fléchi devant la poitrine, la paume est vers le haut (figure 4.83).

Quand le poids est complètement investi sur la jambe gauche, levez le pied droit et faites un pas sur l'arrière en dessinant un arc de cercle de l'intérieur vers l'extérieur. Avant le pas de retrait les mains passent par un temps de croisement devant la poitrine puis les mains se séparent, la paume gauche frappe sur l'avant tandis que le coude droit frappe sur l'arrière en appui de l'action de la main gauche, selon les circonstances l'action du coude peut être principale, quand le poids est sur la jambe droite les bras sont déployés sur l'avant et sur l'arrière, puis le bras droit est fléchi pour opérer une libération de *Qinna* et la technique se répète de l'autre côté (figure 4.84.

Fig. 4.84

Le mouvement de recul débute par le recul du pied gauche et le déroulement du bras droit sur l'arrière, les bras suivent l'action du corps et sont dépendants du mouvement d'ouverture et de fermeture entre la poitrine et la taille, un coup de coude vers l'arrière est contenu dans le recul.

Dans le déroulé des bras le mouvement de la pulpe des doigts va de l'intérieur vers le bas, puis du bas vers l'extérieur, puis de l'extérieur vers le haut pour finalement retourner dans le ventre, c'est le trajet de l'énergie déroulée sur l'arrière ou les côtés, l'énergie circule à l'oblique de l'aisselle à la main puis de la main retourne sur l'intérieur de l'épaule

Fig. 4.85

Fig. 4.86

puis de l'intérieur vers le bas, remonte et finalement retourne au centre du ventre, c'est une circulation à l'oblique jusqu'à la pulpe des doigts, cela est aussi nommé *Banyuan Shenfa*, la mobilisation du corps en demi-cercle.

Les déplacements suivent eux les cercles des bras qui s'enchaînent, les pieds dessinent des courbes sur un déplacement d'un mètre environ. Il faut veiller à coordonner les mains et les déplacements avec les temps d'ouverture et de fermeture de la poitrine et de la taille ; dans les temps de fermeture il convient de marquer le temps de dessaisie du bras arrière en flexion, la main sur l'avant frappe, l'entrejambe doit suivre les mouvements de la taille toujours en train de dessiner des roues, cette dynamique au niveau de la taille et de l'entrejambe entraîne les bras qui dessinent de façon très fluide les cercles sur les côtés du corps.

16) L'Éclair Traverse le Dos *(Shan Tong Bei)*

À partir de la position finale de *Xie Xing*, videz la hanche gauche et transférez le poids bien sur la gauche, amenez les mains en double *Peng* sur le côté gauche, la main gauche en avant, la droite plus en retrait, les bras prennent la forme préparatoire à un *Lu*, veillez bien à maintenir l'étirement entre le haut et le bas du corps à partir de la région du nombril pour garder l'équilibre, le regard est sur le côté gauche (figure 4.85).

Videz ensuite la droite de l'entrejambe et orientez le buste sur la droite, abaissez-vous graduellement, les bras suivant la flexion des jambes appliquent un *Lu* vers la droite et le bas pour amener l'adversaire au sol par l'action combinée du tranchant de la main gauche et de la traction en pronation de la main droite (figure 4.86).

Quand la main gauche est arrivée face à la ligne médiane du corps il convient d'arrêter la traction et de commencer à se relever, si un adversaire vient sur l'avant vous menacer du bras gauche, votre main gauche vient au contact de l'attaque et votre bras droit vient le contrôler au niveau du bras, pendant que la main gauche monte, levez le pied gauche et faites un pas de retrait et vous orientant sur la gauche, les bras suivent la nouvelle orientation et appliquent un *Dalu* vers la gauche et le bas, il est possible de descendre jusqu'à ce

Fig. 4.87

Fig. 4.88

que l'intérieur de vos jambes soient au contact du sol, il est alors impossible à l'adversaire de se libérer (figure 4.87).

Quand la main droite est au niveau de la ligne médiane du corps, relevez-vous pendant que le pied droit s'ouvre, la main droite poursuit en remontant et en écartant sur la droite. Quand la main droite est sur la droite du corps, la main gauche remonte pour intercepter en *Peng* le bras droit d'un adversaire, pendant la montée de la main gauche le pied gauche fait un pas vers l'avant et la paume droite descend se placer au côté droit, transférez le poids sur la gauche et tournez le buste sur la gauche, la paume droite vient en pique à la gorge sur l'avant tandis que la main gauche appuie le bras droit de l'adversaire (figure 4.88).

Après la frappe en pique un nouvel adversaire vous menace sur l'arrière, videz la hanche droite et tournez le buste sur la droite, pliez le bras droit et remontez en pronation sur l'arrière et la droite pour marquer une attaque de coude vers le haut ou une percussion avec l'épaule sur l'arrière (figure 4.89).

Fig. 4.89

Après la sortie de force vers l'arrière, retournez vous pour faire face à l'est pendant que les mains décrivent des demi-cercles pour arriver croisées devant la poitrine gauche au-dessus de la droite. Pendant le changement d'orientation levez le pied droit et reposez en frappant au sol sur le temps de croisé des mains devant la poitrine (figure 4.90).

Après la pique de la paume droite, le corps se ramasse pour préparer la frappe d'épaule sur l'arrière, le *Qi* retourne au *Dantien*, les temps de fermeture et d'ouverture, d'absorption et d'émission se font dans un temps très bref ; durant la phase de préparation le *Qi* est au *Dantien* avec l'intention d'absorber et d'armer, à la frappe le *Qi* remonte et traverse le dos.

Fig. 4.90

Fig. 4.91

Fig. 4.92

17) Mouvoir les Mains Comme les Nuages *(Yun Shou)*

À partir du simple fouet, videz la hanche gauche et donnez à la droite, le poids reste investi sur la gauche, faites un pas croisé du pied droit à l'arrière du gauche pendant que la main gauche écarte sur la gauche paume vers la gauche et que la main droite descend pour se placer paume vers la gauche en face la ligne médiane du corps, le regard se porte sur la gauche, (figure 4.91).

Transférez le poids sur la droite et levez le pied gauche dans l'intention de porter une attaque de pied latéral, si vous ne marquez pas la frappe faites un pas sur le côté pendant que les mains décrivent des arcs de cercle, la main gauche redescend, la droite remonte pour porter une frappe du revers du bras sur le côté droit et écartant, le déplacement du pied gauche peut servir à entrer entre les jambes d'un adversaire (figure 4.92).

Repassez le poids sur la gauche, le bras gauche suit le mouvement et revient en cercle écarter sur la gauche pendant que le pied droit refait un pas croisé à l'arrière du pied gauche pour se rapprocher de l'adversaire (figure 4.93).

Fig. 4.93

Il convient de veiller aux points suivants :

- Après avoir fait plusieurs pas sur la gauche il est possible de se déplacer sur la droite par un changement de pas ; quand le pied droit est passé à l'arrière du gauche de la largeur des épaules vous le ressortez sur la droite, transférez le poids dessus et enchaînez avec un croisé cette fois du pied gauche derrière le droit.
- Quand vous vous déplacez sur la gauche c'est l'action d'ouverture du bras droit qui est le maître, la main gauche vient en soutien, c'est l'inverse quand vous vous déplacez vers la droite.

– Durant la rotation des bras les omoplates doivent être en expansion, les cercles doivent s'enchaîner de manière la plus fluide possible sans temps de perte d'énergie, comme le vent qui déplace les branches du saule, le haut et le bas du corps finement connecté dans un seul *Qi*.

Dans cette technique des mains nuages, chaque main doit dessiner ses cercles sans dépasser la ligne médiane du corps, la main gauche gère la gauche, la droite le côté droit. Dans les temps d'absorption *(Yin)* la main influence le coude, qui agit sur l'épaule connectée à la hanche, dans les temps de frappe en ouverture c'est la taille qui presse vers l'épaule, cette dernière conduit la dynamique au coude qui mobilise la main, les mains alternent les cercles vers l'intérieur et l'extérieur.

18) Flatter l'Encolure du Cheval *(Gao Tan Ma)*

Après un déplacement latéral gauche, la main gauche suivant le transfert du poids se déploie en supination à l'horizontale à partir de la ligne médiane du corps, en même temps la main droite en supination accompagne un déplacement du pied droit vers le nord-est. Au moment où le pied prend contact au sol le corps continue de s'orienter sur la gauche et la main droite se dirige vers le haut au côté gauche en réception d'une attaque, pendant que la main gauche remonte et vient se rabattre en pronation à l'intérieur du bras droit, le pouce est au contact du bras droit, la paume fait face à l'extérieur. Le haut et le bas du corps expriment une dynamique d'absorption et de pénétration dans les racines de l'adversaire, le regard se porte à l'oblique sur la droite (figure 4.94).

Quand la main gauche est en ouverture sur la gauche, venez d'abord intercepter une attaque vers le haut puis guidez-la vers la gauche. Quand la main droite emmène le pied droit vers l'avant, passez votre bras droit sous le bras de l'adversaire pour appliquer une saisie ; lâchez bien la poitrine vers la gauche, resserrez un peu les côtés , maintenez l'enfoncement des épaules et des coudes, en coordination avec le transfert du poids sur la droite, les mains marquent la prise, la droite agit en supination, la gauche tord en pronation (figure 4.95).

Fig. 4.94

Fig. 4.95

Fig. 4.96

Fig. 4.97

Si dans les déplacements latéraux des nuages un adversaire vient faire pression du côté droit au niveau de votre bras droit, dans un premier temps vous accueillez la pression puis vous la guidez vers le haut. En même temps faites un pas du pied droit vers l'avant, tout le corps rassemble l'énergie, videz la droite de l'entrejambe et orientez-vous vers la droite, le bras droit frappe sur l'arrière en coup de dos ou d'épaule, le main gauche suit en soutenant le mouvement (figure 4.96).

Si vous ne marquez pas de *Qinna* ni de frappe d'épaule, videz la hanche droite, transférez le poids sur la jambe droite, les bras suivent l'ouverture de la poitrine, se déploient sur l'avant et l'arrière. Si à ce moment l'on vous saisit au niveau du poignet droit, vous pouvez en vidant la gauche de l'entrejambe, effaçant la poitrine et refermant l'épaule vous libérer de la prise en fléchissant le bras en pronation avec rotation du buste sur la gauche (figure 4.97).

Si un adversaire vous menace sur l'avant, videz la gauche de l'entrejambe et tournez sur la gauche pendant que votre main gauche passe dans le dos de l'adversaire comme pour le ceinturer, vous combinez ce mouvement avec une frappe de l'avant-bras vertical à la poitrine de l'adversaire (*Yaolan Zhou*, coup de coude à contre hanche), la technique doit s'exécuter dans un temps de fermeture et mettre en œuvre l'énergie de tout le corps (figure 4.98).

Fig. 4.98

En tournant le corps sur la gauche vous ramenez la main gauche dans une action de *Lu* simultanément à partir du devant de l'épaule, votre main droite donne un coup de paume en pronation sur le côté droit (figure 4.99).

Ce mouvement évoque le geste de sceller un cheval. Après les déplacements en nuage, le pied avance d'environ un mètre sur l'avant et la droite, tandis que la main droite venant du bas remonte en prise de contact

Fig. 4.99

Fig. 4.100

Fig. 4.101

vers le haut, la main gauche venant de la gauche se rabat sur le bras droit paume vers l'extérieur, l'énergie de tout le corps se rassemble, l'intention est d'entrer vers un adversaire par le déplacement, de marquer une saisie ou une frappe d'épaule sur l'arrière.

19) Frapper le Pied Droit, Frapper le Pied Gauche *(You, Zuo Cha Jiao)*

Après le mouvement précédent, les bras s'ouvrent sur les côtés et se referment en arc de cercle devant la ligne médiane, la main gauche est au-dessus la droite en dessous, l'intention est de frapper l'adversaire simultanément au ventre et au dos pour le renverser. Pour être efficace la frappe en fermeture doit être appuyée par la descente du *Qi*, les épaules sont bien enfoncées et en fermeture, la poitrine effacée et le ventre plein d'énergie, alors la technique est précise (figure 4.100).

Si vous ne frappez pas sur le temps de fermeture, les mains se croisent devant la poitrine et poursuivent leur action en *Peng* vers l'extérieur pour porter deux coups de coude latéraux au niveau de la poitrine ou du ventre de l'adversaire (figure 4.101).

Fig. 4.102

Si vous ne portez pas de frappes de coude, au moment où les mains se croisent devant la poitrine, faites un pas du pied gauche croisé devant le pied droit. Passez le poids sur la gauche et levez le pied droit pour porter une attaque vers le haut sur le côté droit, pendant la frappe les bras se déploient sur les côtés, la main droite redescend pour frapper au visage, la frappe du pied peut se faire au ventre ou à la gorge et simultanément avec la frappe de la main droite, (figure 4.102).

Posez le pied droit, les mains viennent se croiser au nord, le corps s'oriente sur la droite et vous portez à nouveau une double attaque vers l'avant, cette fois avec le pied gauche et la main gauche.

Après Flatter l'encolure du cheval, les mains viennent se croiser devant la poitrine et forment un double *Peng* vers l'extérieur, en même temps le pied gauche croise devant le droit, vous fléchissez sur les jambes, puis vous portez le coup de pied et séparez les bras, en l'air la main droite vient frapper sur le dos du pied droit. Vous reposez le pied droit et ramenez les mains pour les croiser à nouveau devant la poitrine, le pied droit s'ouvre et vous tournez de 180° sur la droite pour faire face au nord, portez alors le poids sur le pied droit, fléchissez sur les jambes avant de donner un coup de pied gauche vers le haut, les bras se séparent et la paume gauche vient frapper le dos du pied gauche, dans ces frappes de pied il convient d'élever la jambe avec énergie et précision et de la reposer de manière féline et souple.

20) Coup de Talon Gauche *(Zuo Deng Yi Geng)*

Après le coup de pied gauche, retournez-vous de 180° sur la gauche, suivant la rotation du corps le pied gauche redescend puis vient se placer en protection de l'entrejambe pendant que les mains venant des côtés, se rassemblent à la ligne médiane, puis en fermant les poings les avant-bras se croisent devant le ventre, poing gauche à l'extérieur, droit dedans, enchaînez par une frappe avec le talon gauche sur le côté, les bras s'ouvrent sur les côtés et portent deux attaques de poing, le bras gauche sort dans le sens contraire des aiguilles alors que le droit sort dans le sens des aiguilles d'une montre (figure 4.103).

Une variante consiste à ne pas laisser le pied gauche en protection au bas-ventre mais à la reposer sur la pointe près du pied droit, vous passez alors le poids sur le pied gauche et faites un pas du droit vers la droite, les bras suivant le transfert du poids sur la droite écartent en paume sur les côtés, puis le poids bien investi sur la droite le pied gauche est ramené en préparation à l'entrejambe, tandis que les paumes reviennent pour se croiser devant le ventre, frappez alors du talon gauche sur le côté tandis que les mains ou les poings se déploient sur les côtés. Ce déplacement est opérant quand l'adversaire est trop proche sur la gauche, il faut donc faire un pas de côté pour réajuster la frappe de talon (figure 4.104).

Fig. 4.103

Fig. 4.104

21) Coup de Poing vers le Sol
(Ji Di Chui)

Fig. 4.105

Après les deux pas vers l'avant, transférez le poids sur la jambe droite et faites un grand pas du pied gauche dans l'angle sud-ouest, en même temps la paume droite vient écarter à l'extérieur du genou droit tandis que la main gauche remonte sur le côté gauche, le bras gauche est fléchi, le regard se porte sur la gauche (figure 4.105).

Videz la hanche gauche et transférez le poids sur la gauche, simultanément abaissez le coude gauche vers le genou gauche et remontez-le vers l'arrière à l'oblique pour porter une attaque vers le haut, la main droite ferme le poing et suivant la rotation du corps sur la gauche s'abaisse pour porter une frappe vers le bas au niveau du bas ventre (figures 4.106, 4.107).

Fig. 4.106

Fig. 4.107

Videz la hanche droite et donnez à la gauche, orientez-vous vers la droite et passez le poids sur la gauche pendant que les bras échangent leur position ; le gauche descend, le droit remonte, le poing gauche frappe en bas à l'extérieur de la jambe gauche tandis que le bras droit plié porte une attaque de coude en remontant sur l'arrière, l'intention pourrait être de faire glisser un adversaire dans le dos d'une épaule à l'autre (figure 4.108).

Après la frappe au sol, il est possible d'attraper de la terre avec la main droite, se retourner et la jeter au visage d'un adversaire venant de l'arrière, ou de porter une frappe de paume au visage (figure 4.109).

Après le coup de talon vous vous déplacez sur la gauche en faisant trois pas du pied gauche et deux du pied droit, au troisième pas le pied gauche fait un grand pas à l'oblique et le corps se penche en avant en tournant le buste sur la gauche, le coude gauche remonte frapper sur l'arrière et le poing droit frappe en marteau vers le bas. L'amplitude de cette

Fig. 4.108

Fig. 4.109

technique est assez importante, les déplacements sont plus rapides que d'habitude car pour enchaîner après le coup de talon, il faut éviter de remonter le corps et avancer un peu comme en courant. Après la frappe au sol l'on vous ceinture sur l'arrière, vous pouvez enchaînez deux attaques de coude vers l'arrière et avec les épaules esquiver la pression de l'adversaire et le projeter sur le côté.

22) Double Coup de Pied Sauté *(Ji Er Qi)*

Videz la hanche droite et passez le poids sur la jambe gauche, orientez-vous vers la droite pour faire face à l'ouest, les bras suivent le mouvement, le gauche remonte, le droit s'abaisse ; le poing gauche travaille en fermeture vers la droite pour renforcer le mouvement, le dos du poing droit s'abat vers la droite et le bas, c'est l'action maître qui vise à heurter le bras d'un adversaire ou le frapper au bas-ventre (figure 4.110).

Installez le poids sur la droite, tournez le buste à droite et portez une attaque de la pointe du pied gauche au ventre ou à la poitrine, en même temps la main gauche se présente sur l'avant pour une frappe et le bras droit se déploie sur l'arrière pour équilibrer le mouvement (figure 4.111).

Fig. 4.110

Fig. 4.111

Fig. 4.112

Ramenez le pied gauche après la frappe, tournez-vous vers la gauche, le pied droit fait pression au sol puis se lève pour porter une attaque de pointe vers le haut et la droite, les bras décrivent des cercles sur les côtés du corps, la paume gauche venant de l'avant descend et remonte sur l'arrière, la paume droite venant de l'arrière, revient sur l'avant et frappe sur le dos du pied droit en l'air, c'est une attaque haute qui vise la poitrine ou la gorge, la frappe de paume vise le sommet du crâne ou la face (figure 4.112).

Après les deux attaques de coude sur l'arrière du mouvement précédent, vous vous retournez de 180° sur la droite, le pied droit est ramené sur la pointe près du gauche dans un mouvement circulaire vers l'extérieur. Le poids est transféré sur ce pied et le pied gauche fait une première attaque sautée, le pied droit s'élève à son tour pour une seconde frappe, la main droite venant à sa rencontre, il convient de s'élever du sol de plusieurs cm.

Fig. 4.113

23) Le Poing Protège le Cœur
(Hu Xin Quan)

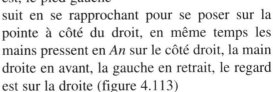

Suivant les coups de pied sautés, posez d'abord le pied gauche au sol, puis le droit, puis ce dernier fait un pas dans l'angle vers le sud est, le pied gauche suit en se rapprochant pour se poser sur la pointe à côté du droit, en même temps les mains pressent en *An* sur le côté droit, la main droite en avant, la gauche en retrait, le regard est sur la droite (figure 4.113)

Fig. 4.114

Le poids du corps bien investit sur la droite, faites un pas de retrait dans l'angle arrière vers le nord-ouest avec le pied gauche, transférez le poids sur la gauche et ramenez le pied droit sur la pointe près du gauche, les mains suivent le transfert du poids et appliquent un *Lu* sur la gauche, le poignet gauche agit en pronation, la main droite en supination (figure 4.114).

Fig. 4.115

Fig. 4.116

Après le *Lu* si l'on vous saisit au niveau du poignet droit, vous vous orientez vers la droite et faites un pas du pied droit vers le sud, le poing gauche en pronation plonge à l'oblique à l'extérieur de la jambe gauche, le poing droit remonte en arc de cercle sur l'avant, le bras à 90 % de son extension, le corps s'oriente sur la gauche pour opérer la libération de la prise. L'action plongeante du bras gauche vient pour soutenir l'action du côté droit (figure 4.115).

Relâchez la droite de l'entrejambe et tournez le buste sur la droite, les bras décrivent des arcs de cercle, le gauche en remontant, le droit vers le bas, pendant la rotation du corps sur la droite le coude droit marque une frappe vers le bas, une frappe en *Kao* est aussi possible vers l'arrière droite (figure 4.116).

Après la frappe d'épaule, le poing droit tourne remonte d'abord en pronation sur la droite puis passe armé en supination au côté droit, le bras gauche lui s'abaisse et plié marque un *Peng* paume vers soi, videz la gauche de l'entrejambe, tournez sur la gauche et portez l'attaque de coude ou d'avant-bras vertical à la poitrine ou au ventre de l'adversaire (figure 4.117).

Fig. 4.117

Après les coups de pied faites un pas du pied droit vers l'avant, le pied gauche suit et les bras se préparent pour appliquer un *Lu* sur l'arrière gauche suivant le retrait du pied gauche, le pied droit est ensuite ramené sur la pointe devant le gauche. Après avoir tiré jusqu'au niveau de la ligne médiane du corps, la main droite remonte en arc de cercle et ferme le poing, simultanément le pied droit fait un grand pas vers le nord, le haut et le bas du corps sont bien en étirement, ce mouvement correspond à une entrée offensive entre les jambes de l'adversaire.

En transférant le poids sur la droite le bras droit est plié et s'abaisse pour amener le coude à l'extérieur du genou droit dans l'idée d'une frappe d'épaule sur l'arrière. Le poing droit remonte le long du côté droit, le bras est bien fléchi, pendant que le coude droit s'abaisse, la main gauche forme le poing et se place verticalement sur le côté gauche du corps. Le coude droit sort en *Fajing* sur l'avant tandis que le poing gauche se place vers la droite et vient sous le coude droit, à droite de la poitrine, cette technique est efficace pour protéger la poitrine, anciennement on la nommait les poings en protection du cœur.

24) Coup de Pied Cyclone *(Xuan Feng Jiao)*

Videz la gauche de l'entrejambe et orientez-vous sur la gauche puis sur la droite, en changeant d'orientation les mains passent en *An* sur le côté droit comme dans le premier temps du poing qui protège le cœur, la droite en avant, la gauche en retrait (figure 4.113).

Relâchez encore l'entrejambe gauche et tournez sur la gauche pendant que les mains marquent un *Lu* à l'horizontale sur le côté gauche pour y renverser l'adversaire (figure 4.114).

Levez le pied droit et reposez-le ouvert vers la droite devant le gauche pendant que vous amenez les mains croisées devant la poitrine, la main droite circule en remontant, la gauche en descendant, puis le corps s'oriente sur la droite et prend une position assise basse jambes croisées, face vers le nord, les mains suivant la flexion des jambes marquent un double *Peng* vers l'extérieur (figure 4.118).

Relevez-vous et sortez la jambe gauche pour portez un coup de pied vers le haut, le corps s'oriente sur la droite et le pied suit le mouvement en frappant en fermeture comme la ligne d'un éventail vers la droite, l'intention est de frapper le dos d'un adversaire, pendant le coup de pied les bras s'ouvrent sur les côtés, la paume de la main gauche vient frapper en l'air l'adversaire au niveau du visage ou de la poitrine, le pied gauche agit en fermeture et la main gauche en ouverture, les deux énergies doivent intervenir comme une seule (figure 4.119).

Fig. 4.118

Fig. 4.119

Fig. 4.120

Fig. 4.121

Fig. 4.122

25) Frappe avec le Talon Droit *(You Deng Yi Geng)*

Posez le pied gauche au sol et levez le pied droit, les poings sont ramenés devant la poitrine, le pied gauche assure un ancrage ferme au sol et le pied droit frappe du talon à l'horizontale pendant que les poings frappent sur les côtés dans une sortie spiralée. L'application peut être identique à celle du coup de talon droit, la direction du regard est différente et après le coup de talon droit l'on enchaîne avec une coupe du tranchant de la main droite.

Fig. 4.123

Fig. 4.124

26) Petite Saisie et Frappe *(Xiao Qin Da)*

Après la frappe de poing on vous saisit au niveau du poignet droit, vous réagissez d'abord en remontant un peu le coude avant de l'enfoncer, en même temps vous faites un pas du pied droit vers l'avant en posant le talon en premier au sol. Dans un premier temps votre poing droit passe en pronation vers le bas puis remonte en supination tout en maintenant l'enfoncement du coude, la main gauche vient appuyer l'action du bras droit, puis en effaçant bien la poitrine et en enfonçant la taille, épaules et coude bien abaissées, vous appliquez une pression vers le bas avec le tranchant de la main droite pour vous libérer de la prise, (figures 4.120, 4.121, 4.122).

Après vous être libéré de la prise, faites un pas sur l'avant du pied gauche pendant que votre main droite tire légèrement le poignet d'un adversaire en *Lu* sur la droite, puis votre avant-bras gauche vient sous le bras de l'adversaire et le soulève en *Peng*, la main droite vient rapidement s'armer au côté droit puis porte une frappe de paume à la poitrine ou au ventre (figures 4.123, 4.124).

Fig. 4.125

Fig. 4.126

Version avec *Qinna (Xiao Qinna)*

Après la sortie de la saisie, vous saisissez les doigts de la main droite de l'adversaire sur l'avancée de votre pied gauche, amenez le bras gauche sur l'avant pour le placer sous le bras adverse, puis dans une dynamique de fermeture combinez l'énergie de vos deux mains pour placer un *Qinna*, (figures 4.125, 4.126).

27) Embrasser la Tête et Repousser la Montagne *(Ba Tou Tui Shan)*

Tournez vers la gauche, croisez les mains en remontant la main droite à l'extérieur de la gauche, la main gauche est sur la droite, puis changez d'orientation pour tourner sur la droite, en même temps ramenez le pied droit sur la pointe et faites face au nord-est, fléchissez sur la jambe gauche et séparez les mains sur les côtés en descendant d'abord au dessus du genou et en les décroisant à ce niveau, graduellement les mains sont amenées au niveau des oreilles dans une dynamique de rassemblement, leur mouvement a entraîné la levée du pied droit qui vient garder l'entrejambe (figure 4.127).

Fig. 4.127

Dans un temps très bref vous pouvez porter une attaque du pied droit au genou ou sur le tibia d'un adversaire, la paume droite peut frapper en pronation vers l'avant. Le coup de pied doit rester sobre et bref pour ne pas compromettre l'équilibre (figure 4.128).

Si vous ne portez pas de coup de pied faites directement un grand pas sur l'avant, videz la hanche droite et donnez à la gauche pour transférer le poids sur l'avant. Pendant le passage du poids, poitrine effacée, hanche enfoncée et *Qi* bien placé en bas, les mains agissent en fermeture pour

Fig. 4.128

Fig. 4.129

pousser sur le côté droit légèrement à l'oblique vers le haut au niveau de la poitrine ou du ventre en utilisant la base des paumes (figure 4.129).

Une variante possible consiste une fois que vous avez séparé les mains de part et d'autre du genoux à prendre appui au sol avec le pied gauche pour le poser devant le droit et alors de faire un saut vers l'avant, en posant le pied droit au sol les deux paumes viennent frapper sur l'avant, cette exécution avec pas croisé et saut doit se faire avec une amplitude moyenne (figure 4.130).

Une autre variante consiste à partir de la levée du pied droit à le reposer assez loin dans un saut vers l'avant et de faire un pas suivi du pied gauche pour renforcer la frappe des paumes, il faut s'entraîner pour bien faire coïncider le pas suivi du pied gauche avec la frappe (figure 4.131).

Cette technique fait partie de celle qui imite certains gestes des animaux, après la petite capture vous faites face au nord-est en fléchissant sur les jambes, les mains se décroisent au niveau du genou et remontent se rassembler aux oreilles dans un mouvement d'enveloppe-

Fig. 4.130

Fig. 4.131

ment de la tête, quand vous passez le poids sur la droite en poussant à l'oblique vers le haut avec les paumes, la forme prise évoque une haute montagne, la puissance et la détermination sont présentes dans l'intention.

Cette technique peut se décliner selon trois variantes ; la poussée directe avec pas du pied droit, la poussée avec pas sauté et la poussée avec suivi du pied arrière, le saut permet de se rapprocher de l'adversaire, dans la variante avec suivi du pied gauche l'amplitude du mouvement est petite, la force est émise sur une courte distance avec puissance et précision.

28) Parade Avant, ou Première Parade *(Qian Zhao)*

Fig. 4.132

Après le Simple fouet videz la hanche gauche et orientez-vous sur la gauche dans un premier temps, abaissez la main droite en absorption jusqu'en face de la ligne médiane du corps, videz la hanche droite et donnez au genou gauche, tournez sur la droite, votre bras droit remonte sur la droite pour écarter en *Peng*, la rotation du corps sur la droite emmène le pied gauche qui se pose sur la pointe à côté du droit (figure 4.132), avant le déplacement du pied gauche.

Surveillez la droite avec le regard, si un adversaire vient en pression de l'est sur la main ou le bras droit, dans un premier temps vous suivez sa ligne de force dans un arc de cercle vers le bas, puis dans un petit cercle portez une frappe avec le bras ou l'épaule. En effet dans le Simple fouet votre intention principale est sur le côté gauche, le côté droit est secondaire, si l'on vous attaque subitement de la droite vous devez absorber et contre-attaquer, le droite passe d'une action d'appui à l'action principale (de l'arrière à l'avant d'ou le nom de la technique) dans ce changement d'orientation le travail des yeux est important pour ne pas se laisser surprendre et contrôler.

Quand vous absorbez avec la main droite, l'entrejambe et la taille doivent être bien enfoncés vers le sol, la partie supérieure du corps est alors à l'aise dans son changement d'orientation. La main gauche agit pour équilibrer le mouvement, sur le temps d'absorption elle remonte, dans la contre-attaque redescend se placer devant le côté gauche, les deux cercles des bras doivent être exécutés dans une unité.

29) Parade Arrière, ou Seconde Parade *(Hou Zhao)*

Continuez de tourner sur la droite et investissez complètement le poids sur la droite et faites un pas du pied gauche sur le côté gauche, puis le corps s'oriente sur la gauche

Fig. 4.133

pendant que la main droite s'abaisse en arc de cercle en fermeture et que la gauche remonte pour frapper en écartant en haut et à gauche, au moment de la frappe ramenez le pied droit pour le poser sur la pointe à côté du gauche, il est aussi possible de portez un coup d'épaule gauche (figure 4.133).

Cette fois vous êtes menacé par le nord, il convient rapidement de tourner la tête vers la direction de l'attaque, de faire un pas vers le nord en absorbant par un petit cercle la pression adverse avec le bras gauche, puis vous contre-attaquez en *Peng* ou en *Kao* sur la gauche, jusqu'au moment de la frappe il est important de garder le coude fléchi pour pouvoir absorber correctement, la technique à gauche suit celle de droite c'est pourquoi elle est nommée Parade secondaire. La pratique des enchaînements consiste à exécuter des mouvements dans le vide mais ils doivent être dirigés par un esprit très concentré et dans la recherche de sensations corporelles, avec la pratique l'esprit anime tous vos mouvements, le *Qi* les soutient de l'intérieur.

Fig. 4.134

Fig. 4.135

30) Séparer la Crinière du Cheval Sauvage *(Ye Ma Feng Zong)*

Tournez sur la droite et portez le poids sur la jambe droite pendant que la main droite s'élève et que la gauche descend, c'est le temps de base pour portez l'action de séparer la crinière. Si c'est une attaque du poing droit vous prenez d'abord contact avec la main gauche et attirez la frappe adverse vers l'arrière gauche, vous placez le poids sur la gauche pour avancer le pied droit derrière ou entre les jambes de l'adversaire, en même temps vous faites pression à la poitrine avec l'extérieur du bras droit (figure 4.134).

Transférez le poids sur l'avant et tournez le buste à droite, pendant le passage du poids vous portez une attaque avec le bras ou l'épaule sur l'avant et la droite dans un mouvement de pression et de séparation (figure 4.135).

Après la frappe du bras droit et le transfert du poids si on vous menace d'un coup de poing droit

Fig. 4.136 – 1

Fig. 4.136 – 2

venant de la gauche, vous interceptez l'attaque de poing avec la main gauche et tirez sur la gauche et faites un grand pas du pied droit vers l'adversaire pendant que votre main droite descend entre les jambes, puis vous chargez l'adversaire sur les épaules pour le projeter à l'arrière (figure 4.136 – 1et 2).

Séparer le crinière du cheval peut être un mouvement de grande amplitude, il convient de bien laisser l'énergie présente au sommet de la tête, de maintenir une assise solide et de maintenir un arrondi de l'entrejambe, puis d'avancer en alternant les mouvements d'ouverture sur les côtés, cela évoque la crinière d'un cheval qui vole quand il galope. La technique de projection par dessus les épaules nécessite un entraînement certain.

Six Verrouillages et Quatre Fermetures (Ajout du temps de transition)

À partir de la dernière séparation jambe gauche devant, videz la hanche gauche et donnez à la droite pour repasser le poids sur l'avant, les mains reviennent sur l'avant gauche sur le devant pour préparer un *Lu*, videz la droite de l'entrejambe et tournez sur la droite, les mains appliquent *Lu* vers le bas pour amener l'adversaire au sol (figure 4.137).

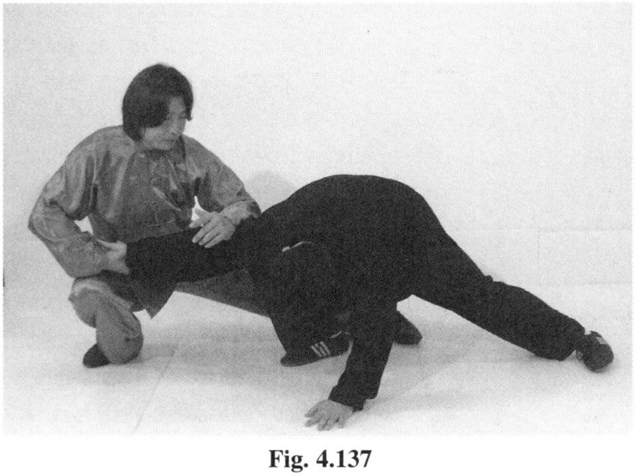

Fig. 4.137

Fig. 4.138

Si l'on vous menace sur l'avant et la gauche faites face à la nouvelle menace, repassez le poids sur la gauche et interceptez l'attaque avec la main gauche puis marquez un *Lu* vers le bas, la main droite vient en appui pour presser au niveau du coude ou du bras de l'adversaire, accompagnez l'action par un pas du pied droit vers l'avant, continuez de vous orienter sur la gauche, les deux mains marquent un *Cai* vers le bas et la gauche (figure 4.138).

31) La Fille de Jade Lance la Navette *(Yu Nu Chuan Suo)*

Fig. 4.139

Après le simple fouet, videz la hanche gauche et donnez à la droite, tournez sur la gauche pendant que la main gauche s'abaisse en absorption pour venir croiser avec la main droite dans une dynamique de fermeture, puis tournez-vous sur la droite et ramenez le pied droit sur la pointe, faites face à l'est, les mains suivent la rotation et viennent se placer en tranchant sur le côté droit, main droite en avant, main gauche en retrait (figure 4.139).

Ramassez-vous sur les jambes, videz bien la poitrine et resserrez les côtés, maintenez épaules et coudes bien abaissés, les mains appuient en *An* vers le bas, puis remontez les mains, la gauche passe en pronation et la droite en supination dans un mouvement de soulèvement, le souffle central s'élève, les deux pieds prennent appui au sol et se lèvent, puis les pieds se reposent en heurtant le sol, on doit entendre deux sons, celui du pied gauche puis celui du droit, les mains suivent le mouvement en frappant en *An* vers le bas à la retombée, le poids passe sur la gauche. La main gauche repasse en pronation, la droite en supination, levez le pied droit, les deux mains soulèvent devant la poitrine paumes vers le haut, buste tourné sur la gauche, puis les deux bras se séparent, le coude gauche frappe sur l'arrière du bras fléchi tandis que la paume droite frappe en pronation sur l'avant pendant que le talon droit porte une attaque sur l'avant (figure 4.140).

Fig. 4.140

Fig. 4.141

Fig. 4.142

Fig. 4.143

Posez le pied droit et tournez vers la droite, le pied gauche bondit en avant en même temps la paume gauche vient frapper sur l'avant, le bras droit est fléchi et vous portez une attaque du coude droit vers l'arrière pour équilibrer les forces, vous faites face au sud et dos au nord (figure 4.141).

Retournez-vous de 180° sur la droite pour refaire face au nord, la main droite emmène le pied droit en ouverture pour amorcer le déplacement, pendant la rotation vous pliez le bras droit et fermez légèrement le poing, une fois le demi-tour réalisé vous portez une attaque du coude droit sur le côté, la main gauche vient en soutien à l'avant du bras droit, vous pouvez faire une frappe de pied pour accompagner la frappe (figure 4.142).

Relevez le pied droit pour refaire un pas sur le côté droit, quand vous reposez le pied au sol vous portez une double attaque de coude sur les côtés, la frappe à droite est principale, le coup de coude gauche est en appui, vous pouvez rapprocher le pied gauche pour appuyer la frappe (figure 4.143).

Après le Simple fouet abaissez les mains et croisez-les devant la poitrine, la droite à l'extérieur, tournez sur la droite et fléchissez sur les jambes pendant que les mains marquent un *An* vers le bas, puis les mains soulèvent vers le haut, le pied droit se lève suivi par le pied gauche qui prend appel au sol pour sauter sur place, en retombant vous faites une double frappe de pied sonore et les mains appuient en *Fajing* vers le bas.

Les mains s'élèvent ensuite une seconde fois pour emmener le pied droit qui porte un coup de talon en avant, les mains rassemblées devant la poitrine se séparent, la droite suit le pied droit et frappe sur l'avant, le bras gauche fléchi porte une frappe de coude sur l'arrière, puis c'est le pied gauche qui saute vers l'avant avec une frappe de paume de la main gauche, vous donnez un coup de coude droit, puis le pied droit recule pour vous replacer face au nord dans un demi-tour de 180°, dans le lancer de la navette vous tournez donc de 360° pour revenir à votre position de départ, le va-et-vient des mains et des coudes évoque l'alternance du lancer et du rattraper de la navette lors du travail de la tisseuse.

32) Balancer le pied et Tomber les Pieds en fourche *(Bai Jiao Jie Cha)*

Fig. 4.144

Après le 3ème déplacement latéral en Main Nuage, posez le pied droit sur la pointe à côté du pied gauche et abaissez les mains, la gauche en avant et la droite en retrait, les paumes vers la gauche, passez le poids sur la droite et orientez vous à droite, les mains suivent la rotation en s'élevant sur la gauche puis en venant tirer en *Lu* sur la droite, refaites un petit pas du pied gauche vers l'avant et un pas suivi du droit qui se pose sur la pointe en *Xubu*, le regard est sur le côté gauche (figure 4.144).

Fig. 4.145

Continuez d'investir le poids sur la gauche, tournez dans un premier temps le corps sur la gauche puis sur la droite, pendant la rotation sur la gauche levez le pied droit et continuez la frappe en venant frapper en ouverture l'adversaire au niveau de la taille ou du dos, les mains accompagnent le mouvement en venant frapper à la rencontre du pied droit, la main gauche en avant, la droite en retrait, ici les mains viennent frapper l'adversaire au visage ou à la poitrine (figure 4.145).

Fig. 4.146

Fig. 4.147

Dans un premier temps ramenez le pied droit en protection à l'entrejambe après la frappe puis posez-le en percutant le sol, le poing est ramené fléchi pour passer sous le bras gauche et vient frapper paume vers le haut au niveau de la poitrine ou du ventre de l'adversaire (figures 4.146, 4.147).

Placez bien le poids sur la jambe droite et fléchissez

Fig. 4.148

Fig. 4.149

dessus, levez le pied gauche et faites un grand pas sur l'avant gauche en présentant le talon au sol comme si l'on voulait creuser un sillon, graduellement descendez, posez des deux jambes au sol, pendant que le pied gauche progresse sur l'avant séparez les poings sur l'avant et l'arrière (figure 4.148).

Si un adversaire se présente sur l'avant et la droite, vous vous tournez sur la droite, posez les paumes au sol et faites un balayage bas avec la jambe gauche pour faucher l'adversaire (figure 4.149).

Après les nuages enchaînez en ramenant le pied droit près du gauche pour armer un coup de pied balayant sur l'extérieur, à la fin de la frappe les mains viennent à la rencontre du pied, il s'agit d'une frappe latérale.

Après la frappe fermez les poings et croisez-les devant la poitrine, posez le pied droit au sol en heurtant comme pour écraser un pied, asseyez-vous progressivement fléchissant sur la jambe droite tandis la gauche s'allonge sur l'avant, l'intention est dans le coup de talon bas du pied gauche.

Fig. 4.150

33) Le Coq sur une Patte à Gauche et à Droite *(Zuo You, Jin Ji Du Li)*

Pour remonter de la position en fourche au sol, faites pression au sol avec le pied droit, le bras gauche remonte en poing dans la même dynamique vers l'avant, le poing droit redescend pour appuyer le mouvement de balancier et le poing gauche marque une attaque en uppercut au menton (figure 4.150).

Fig. 4.151

Si un adversaire vous saisit au poignet gauche pendant la frappe en remontant, vous soulevez le bras en *Peng* et portez une attaque du poing droit à la poitrine en rapprochant le pied arrière (figure 4.151).

Si vous ne portez pas de frappe de poing avec le bras droit, la paume droite peut porter une attaque au menton en s'élevant en pronation pendant que le genou droit porte une attaque au bas-ventre (figure 4.152).

Après la frappe, le pied droit s'abaisse lourdement pour frapper le dos du pied d'un adversaire pendant que la main droite redescend à l'extérieur de la cuisse droite ; puis le poids du corps après être passé de droite à gauche, pendant le transfert du poids les mains appliquent une sortie de force en *Lu* de la droite sur la gauche (figure 4.153).

Fig. 4.152

Fig. 4.153

Les mains continuent leur mouvement sur la gauche puis vont un peu vers l'arrière, la main gauche se rapproche de la hanche gauche et passe en supination au-dessus de la jambe gauche pour s'élever en supination pour porter une attaque au menton tandis le genou gauche porte une attaque au bas-ventre. Il convient dans les mouvements de soulèvement de respecter la frontière de la taille pour ne pas se trouver entièrement attiré vers le haut, l'étirement entre le haut et le bas du corps doit être préservé, de plus l'un des côtés est en fermeture pendant que l'autre est en ouverture.

34) Croiser les Pieds et Balayer le Lotus *(Shi Zi Jiao)*

Après l'encolure du cheval, croisez les mains devant la poitrine et transférez le poids du corps sur la jambe gauche, ouvrez le pied droit sur l'avant, les bras suivent la rotation du corps en décrivant des arcs de cercle qui les amènent : gauche au-dessus et droit dessous, vous faites alors face au nord, faites un pas du pied gauche dans l'angle sud-ouest et transférez le poids dessus. Pendant le transfert du poids sur la gauche, inclinez-vous vers le sol de façon à ce que le coude gauche passe près du genou gauche et venez portez au-dessus

Fig. 4.154

Fig. 4.155

du genou gauche un coup d'épaule bas (7 *cun Kao*), puis graduellement vous remontez la main gauche sur le côté gauche pour l'amener en paume verticale pour appliquer un *Cai*, pendant cela la main droite abaisse en supination sur le côté droit (figure 4.154) (coup d'épaule inversé sur la photo NDT) (figure 4.155).

Passez complètement le poids sur la gauche puis levez le pied droit pour frapper sur le côté gauche, en l'air changez la direction de l'attaque pour passer en ouverture comme un éventail sur la droite pour venir frapper l'adversaire dans le dos, simultanément la paume gauche vient à la rencontre du pied droit et frappe l'adversaire au visage dans un mouvement d'ouverture sur la gauche. Selon les circonstances imposées par l'adversaire le coup de pied fouetté sur l'extérieur peut se faire aux niveaux haut (nuque), moyen (taille) et bas (talon ou mollet), la frappe de paume ne change pas, en général il est préférable d'attaquer haut car cela permet davantage de transformation en redescendant, contre-attaquer au niveau bas rend malaisé des transformations de la technique vers le haut (figure 4.156).

En tournant le corps sur la droite, les mains se séparent pour venir trancher *(Zhanshou)* sur les côtés, la gauche en remontant, la droite en descendant le long de la jambe droite, enchaînez en sautant sur la jambe gauche et frappez au sol avec le pied droit pendant que vous amenez les mains croisées devant la poitrine, faites ensuite un pas du pied gauche sur l'angle avant gauche, les bras se referment puis marquent un temps d'ouverture avant de se rassembler à nouveau, la main gauche est en paume verticale à l'avant gauche et le poing droit est amené en préparation au côté droit.

Fig. 4.156

Fig. 4.157

Fig. 4.158

35) Coup de Poing Vers le Bas– Ventre *(Zhi Dang Chui)*

Videz la hanche gauche et donnez à la droite pour transférer le poids sur la gauche, pendant le passage du poids, tournez la taille à contre hanche, et portez un *Fajing* dans la direction du ventre, en vibrant bien avec l'épaule, le coude gauche peut lui équilibrer par un *Fajing* sur l'arrière et le haut (figures 4.157, 4.158).

36) Le Singe Offre un Fruit *(Yuan Hou Tan Guo)*

Si l'on vous saisit au niveau du poignet droit, vous vous tournez tout d'abord sur la droite puis revenez sur la gauche en fléchissant le bas droit en pronation, le coude légèrement vers le haut, puis vous repassez en supination en enfonçant bien l'épaule droite, le poing droit remonte et vient frapper en uppercut à la bouche au menton. Vous accompagnez la frappe du poing par un coup de genou droit au bas-ventre, (figure 4.159).

Fig. 4.159

Six Verrouillages et Quatre fermetures variante : voir explication du mouvement 5 (figure 4.160).

Fig. 4.160

Fig. 4.161

Fig. 4.162

37) Le Dragon Rampant au sol *(Que Di Long)*

Après le Simple fouet si l'on veut vous contrôler au niveau de la main ou du bras gauche, vous amenez le bras en retrait pendant que la main droite passe d'une forme en crochet à un poing et vient frapper en remontant à l'oblique sous le bras gauche pour heurter l'adversaire à la poitrine (figure 4.161).

Après avoir porté la frappe à la poitrine poursuivez en transférant le poids sur la jambe droite et fléchissez dessus jusqu'à amener les deux jambes au contact du sol, simultanément les bras s'ouvrent sur l'avant et l'arrière, le droit en haut, le gauche en bas, le regard est sur l'avant gauche (figure 4.162).

Si un adversaire vous menace sur la droite, vous vous orientez à droite et en vous penchant, mettez les deux mains en appui au sol et exécutez un balayage bas avec la jambe gauche *(SaoTang Tui)* (figure 4.163).

Fig. 4.163

38) Pas en Avant et Former les Sept Étoiles *(Shang Bu Qi Xing)*

Fig. 4.147

Fig. 4.164

Si dans le mouvement précédent vous n'avez pas fait le balayage bas, aidé par le poing gauche qui guide l'énergie vers l'avant, vous faites pression au sol avec l'entrejambe pour vous relever, le poing gauche passe en crochet et vient frapper l'adversaire en direct au menton, le poing droit suivant la remontée du corps frappe à la poitrine ou au ventre, cette technique est semblable à l'illustration (figure 4.147).

Les mains sont amenées croisées paume vers l'extérieur, la gauche au dehors, la droite en dedans, le poing droit est en contact avec le dos du poing gauche, poursuivez en effaçant la poitrine et en rentrant le ventre, les poings passent de l'extérieur sur l'intérieur dans un mouvement d'enroulement, les poings ressortent vers le haut et s'ouvrent en paume, en même temps faites un pas du pied droit sur l'avant et les paumes suivant l'expiration frappent vers l'avant à la poitrine ou au ventre (figure 4.164).

Dans ce mouvement les mains viennent se croiser devant la poitrine en prenant une forme qui évoque le chiffre 7 en chinois, puis dans un second temps les mains se retournent vers l'intérieur pour finir leur course, paume vers l'extérieur prenant la forme de la grande ourse.

39) Reculer et Chevaucher le Tigre *(Xia Bu Kua Hu)*

Fig. 4.165

Après le pas en avant des 7 étoiles, tournez dans un premier temps sur la gauche, la paume droite remonte tandis que la gauche descend à l'extérieur de la cuisse gauche, puis le pied droit recule et le corps tourne alors sur la droite, le bras droit suit le mouvement en venant porter une frappe de coude vers l'arrière en remontant à l'oblique, pendant que le bras gauche semi-fléchi est en protection à l'avant du côté droit, en soutien de l'action du bras droit (figure 4.165).

Continuez de vous orienter sur la droite et transférez le poids sur la jambe droite en même temps levez le

Fig. 4.166

Fig. 4.167

Fig. 4.168

pied gauche et ramenez-le sur la pointe à côté du droit, pendant que vous passez le poids à droite les mains décrivent des arcs de cercle pour se retrouver devant la ligne médiane du corps, gauche au dessus et droite en dessous, en marquant une attaque en fermeture en combinant par exemple une frappe au visage et une au dos, un *Qinna* est également possible (figure 4.166).

Si un adversaire vous menace par la gauche vous ne pouvez pas porter l'attaque précédente, vous tournez alors sur la gauche pendant que votre main droite intercepte l'attaque adverse, puis vous revenez sur la droite pour appliquer un *Lu* à l'horizontal (figure 4.167).

Sans menace, vos mains entraînent le déplacement du pied gauche pour vous amener face au sud, vos investissez ensuite le pied gauche et pendant que vous passez le poids à l'avant, le pied droit se rapproche et vient en avant se placer sur la pointe, vos mains repassent sur l'arrière et la droite, l'énergie de tout le corps se rassemble avant la sortie de force suivante, (figure 4.168).

Après le placement des poings selon les 7 étoiles, dans un premier temps la main gauche descend, la droite remonte, puis les directions s'inversent pour dynamiser la frappe sur l'arrière, puis vous tournez sur la droite pour passer le poids sur la jambe droite, les mains agissent comme en soulevant et emmènent le pied gauche dans un balayage en fermeture à 90° sur la droite pour vous retrouver face au sud, le déployé des mains et la rotation de la jambe évoquent le mouvement d'esquiver une attaque et de chevaucher un tigre sur le côté.

40) Balayer le Lotus Deux Fois *(Suang Bai Lian)*

Passez le poids sur la gauche et levez le pied droit pour porter une attaque haute sur la gauche, puis déployer l'attaque en ouverture sur le côté droit, en l'air vos deux mains viennent à la

Fig. 4.144

Fig. 4.145

rencontre du dos du pied droit et frappent, ce mouvement est similaire aux illustrations (figures 4.144 et 4.145).

Cette technique peut s'appliquer aux niveaux haut, médian ou bas, elle a deux sens principaux : l'idée est de frapper un adversaire simultanément dans le dos et à la poitrine, ou bien d'appliquer un *Lu* des deux mains pour l'amener à chuter en le fauchant avec la jambe arrière qui balaie vers l'avant. Marquez d'abord un temps de recul de la jambe avec laquelle vous voulez frapper, puis avancer pour entrer sous la garde adverse en portant l'attaque montante, puis enchaînez en pénétrant sur l'arrière pour frapper au dos de l'adversaire, vos mains guident la dynamique vers le haut, l'action des mains vient appuyer la frappe de pied.

41) Le Canon sur la Tête *(Dang Tou Pao)*

Fig. 4.169

Posez le pied droit après le coup de pied lotus, faites un pas du pied gauche vers l'avant, les mains, gauche devant et droite en retrait, marquent d'abord un *Peng* sur la gauche, puis videz la hanche droite, tournez à droite et transférez le poids à droite pendant que les mains reviennent tirer en *Lu* sur la droite et à l'oblique vers le bas (figure 4.169).

Quand votre main gauche est arrivée sur la ligne médiane de votre poitrine, tout votre corps marque un temps de concentration de l'énergie, puis videz la hanche gauche et donnez à la droite, tournez sur la gauche pendant que vos mains, gauche sur l'avant et droite en retrait, portent une double attaque avec les avant-bras ou les poings sur l'avant et la gauche en direction de la poitrine ou du ventre de l'adversaire (figure 4.170).

Veillez bien après la frappe du pied droit à poser le pied bien à plat, à fléchir sur la jambe d'appui et à vous ancrer au sol avec les orteils avant de faire le pas du pied gauche en avant, les poings se rassemblent devant la poitrine, le haut et le bas du corps se préparent comme un arc bandé, puis le pied arrière fait pression au sol et les deux poings sont projetés sur l'avant comme deux boulets de canon.

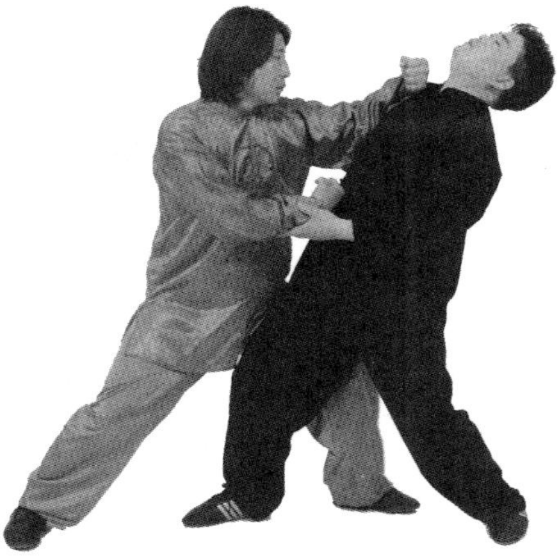

Fig. 4.170

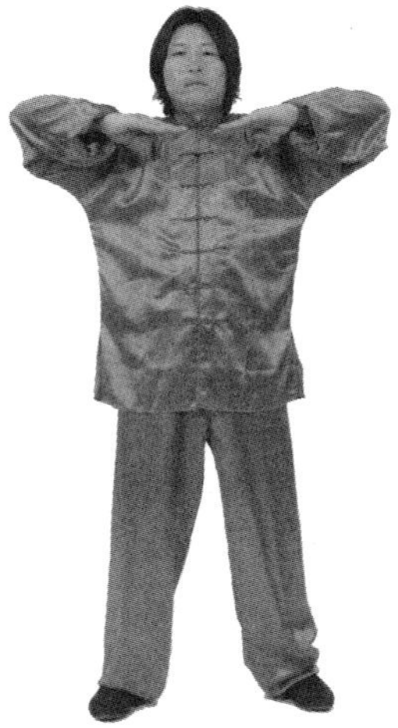

Fig. 4.171

42) Retour au *Taiji (Taiji Shou Shi)*

Après la foudre pulvérise, pliez les bras, les paumes retournées sur l'extérieur, élevez les mains à la largeur des épaules, les paumes sont en vis-à-vis, fermez alors les poings et abaissez les bras fléchis sur les côtés des oreilles, puis descendez jusque devant les pectoraux, ouvrez alors les poings et orientez les paumes vers le sol, veillez à exécuter ce premier temps sur l'inspiration (figure 4.171).

Relâchez bien les hanches, fléchissez sur les jambes en expirant, effacez la poitrine, resserrer légèrement les côtés, le *Qi* redescend au *Dantien*, puis relevez-vous et rapprochez le pied gauche du droit, (figures 4.172 et 4.173).

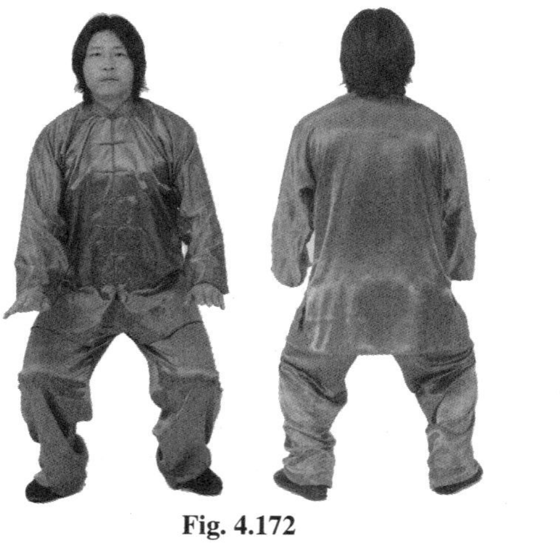

Fig. 4.172

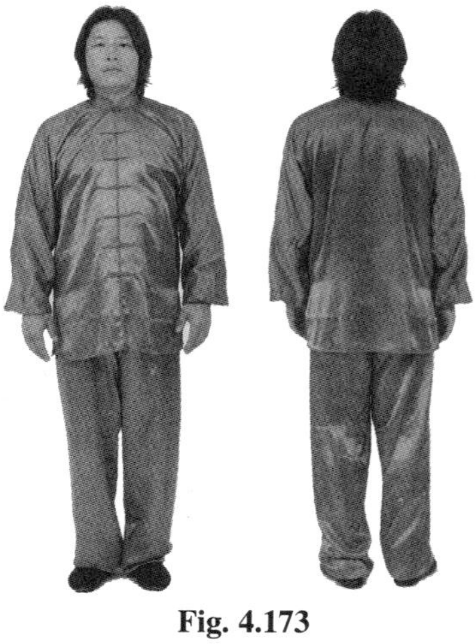

Fig. 4.173

Chapitre 5

Les 30 Applications martiales du Second Tao *(Erlu, ou Paochui)*

Introduction

La forme que nous appelons communément le second enchaînement, nommée également *Paochui* ou *Paoquan*, « les poings canons », est exécutée différemment de la 1ère forme de base, tant par la saveur qu'elle dégage que par son degré de difficulté.

Pour rappel, la pratique de la forme de base s'exécute dans la lenteur et la régularité, les mouvements sont sans à-coup et doux dans l'ensemble, le pratiquant recherche la stabilité, un déploiement suffisant des techniques, essaie de conduire le *Qi* avec l'intention, d'appréhender la légèreté et la densité dans les mouvements, l'énergie du mouvement est générée de l'intérieur et mobilise tout le corps, le corps doit rester bien centré et détendu, le haut et le bas fonctionner en harmonie et rester équilibrés, il s'agit en fait d'un *Qigong* dynamique de haut niveau qui doit permettre de maintenir la tranquillité dans le mouvement et de mobiliser le corps à partir du calme, l'on dit que la pratique du 1er enchaînement est un travail difficile qui consiste à maintenir dans le déplacement les points acquis dans le travail des postures *(Huo Zhuanggong)*. Les techniques employées sont principalement des expressions des 4 premières portes : *Peng, Lu, Ji* et *An*, les autres portes *Cai, Lie, Zhou* et *Kao* sont minoritaires.

Par contre dans le 2nd enchaînement la capacité de mobiliser l'énergie de tout le corps acquise dans la 1ère forme est utilisée dans des actions vives, rapides voire violentes, la forme est marquée par les nombreuses sorties de forces, les frappes de pied au sol, les sauts, les techniques exploitant les 4 portes secondaires, *Cai, Lie, Zhou* et *Kao*, sont majoritaires, les 4 portes de base sont en soutien. Les deux formes sont également différentes dans la manière de mobiliser l'énergie interne de façon plus ou moins directe ou courbe, explosive ou non ;

- dans la 1ère forme l'énergie interne est mobilisée dans des déplacements courbes donnant les mouvements circulaires ou spiralées caractérisant le *Chansijing,* conduire le *Qi* avec le *Yi* et produire un déroulement spiralé de l'énergie est la base de la 1ère forme. Pour cela il faut limiter l'usage de la force, et diminuer toutes les tensions parasites, travailler dans le sens d'élever le niveau de détente de l'esprit et du corps pour produire la souplesse, à partir de la souplesse il faut rechercher à exprimer des actions plus dynamiques et fermes, puis à revenir à la souplesse, mais dans la 1ère forme, les temps doux sont les plus nombreux si bien que le bon pratiquant peut donner l'aspect d'une pratique très fluide et féminine, alors qu'à l'intérieur il est tel un *Jin Gang* (Guerrier protecteur de Bouddha). « Souplesse et transformation sont les maîtres, fermeté et explosion les ministres », les lignes des mouvements privilégient l'adhérence, le lien et le suivi, le calme contrôle l'agitation, la souplesse la rigidité, ménageant des alternances très variées entre les phases de lourdeur et de densité d'avec celles de légèreté et de finesse.

– Dans le 2nd enchaînement l'énergie emprunte également des chemins courbes et spiralés mais l'amplitude est moindre pour permettre des actions violentes plus directes, la nature élastique de l'énergie est utilisée de façon intense dans des *Fajing* explosifs, il s'agit d'une force particulière travaillée longuement comme fruit du travail d'un forgeron, elle peut intervenir à volonté sur l'avant, le recul, dans les esquives, les coupes… la réponse doit être complémentaire à l'attaque de l'adversaire, s'il reste souple elle est ferme, s'il est dur vous suivez par la souplesse, ceci d'une façon très adaptée et spontanée.

Dans vos pratiques il faut veiller dans le travail lent de conduction de la force à ne pas stagner ni flotter par excès de légèreté, dans le travail de recherche de densité à ne pas se figer, dans la recherche de la vitesse à ne pas vous disperser. Que ce soit dans l'exécution du 1er ou du 2nd enchaînement, veillez au relâchement juste de toutes les articulations, dans les frappes soyez sec, rapide, violent et entier en évitant d'aller dans la rigidité et le blocage de l'énergie.

Applications martiales des mouvements du Poing Canon

En principe dans la pratique traditionnelle qui lie les deux enchaînements, l'on termine le 1er enchaînement face au sud, ainsi le « poing canon » commence face au sud avec l'est à gauche, il se terminera par un retour face au nord, les deux *Tao* constituant un tout.

1) Le Poing Protége le Cœur *(Hu Xin Quan)*

Après le « Simple fouet », si des adversaires se présentent sur les côtés pour vous contrôler au niveau des bras, tout d'abord opérez un temps de recueillement de l'énergie au niveau de tout le corps et transférez le poids sur la droite, densifiez vos bras puis très sèchement dans un premier temps remontez la main droite en *Liao* (pique vers le haut) et abaissez la gauche en coupe *(Zhan)* le long du corps et échangez les position des mains en coupant maintenant sur le côté droit et attaquez en remontant sur la droite. Cette technique

Fig. 5.1

Fig. 5.2

Fig. 5.3

explosive (si rapide qu'elle ne donnerait pas le temps de se couvrir les oreilles avant un coup de tonnerre) par l'échange très brefs des actions des bras sur les côtés doit permettre de se libérer des prises ou des pressions sur les côtés tout en portant des attaques de tranchant vers le bas sur les bras de l'adversaire ou de frapper le haut avec la base du pouce, le pied gauche se lève en protection (figures 5.1 et 5.2).

Faites pression au sol du pied droit et sautez dessus, retomber en posant le gauche à 90° à côté du droit, dans un action visant à écraser le pied d'un adversaire (figure 5.3), en même temps faites un pas du pied droit dans l'angle sud-ouest avec l'intention de porter une attaque basse de côté ou pour rentrer dans les racines de l'adversaire ou à l'arrière de sa jambe avant, pendant le pas le poing droit s'abaisse dans un mouvement plongeant vers la gauche, formez le poing gauche et amenez-le sur le haut et la droite en spiralant dans une action d'absorption en suivant la rotation du corps sur la droite, le regard est sur le côté droit, (figures 5.4, 5.5).

Fig. 5.4

En transférant le poids sur la droite le bras droit s'abaisse en pression avec le coude ou en frappe d'épaule (suite de

Fig. 5.5

Fig. 5.6

l'action 5.5), le bras gauche remonte et se rapproche. Après le coup d'épaule le bras droit se repli et s'arme sur le côté droit avant de portez une attaque de coude avec l'avant-bras vertical (figure 5.6).

Le sens de ce mouvement est de protéger la poitrine, dans le *Paochui* elle est exécutée très rapidement et précédée par les attaques tranchantes des mains, dans la technique les attaques sont multiples avant de marquer le temps final de la frappe d'avant-bras.

2) Marche à l'oblique avec pas sauté *(Tiaobu Xie Xing)*

Repassez le poids sur la gauche et levez le pied droit pour l'amener en protection à l'entrejambe pendant que les mains se séparent sur les côtés pour porter le tranchant vers le bas avec la main droite et l'attaque remontante sur la gauche (figure 5.7), enchaînez par un pas sauté droit pendant que la main droite vient intercepter une attaque. Le pied gauche se déploie dans l'angle nord-est, la main gauche vient au contact du bras adverse et applique un *Cai* vers le bas en coordination avec la prise de la main droite en *Lucai* (figure 5.8).

Fig. 5.7

Fig. 5.8

Fig. 5.9

Fig. 5.10

Videz alors la hanche gauche et penchez vous sur le côté gauche pour appliquer un coup d'épaule bas (figure 5.9). Après la frappe d'épaule la main droite est amenée en tranchant vertical à l'avant de l'épaule droite, puis en maintenant la poitrine bien effacée, la taille bien pleine et le poignet assis, la paume droite porte une frappe en *An* à la poitrine ou au ventre (figure 5.10).

Poursuivez en déployant le bras droit à l'horizontale sur la droite dans l'idée de frapper avec l'épaule, le coude ou la paume (figures 5.11, 5.12 et 5.13)

La marche oblique sautée débute après le poing devant le cœur par un ramené du pied droit en protection, puis le gauche fait un pas en biais devant le droit.

Fig. 5.11

Fig. 5.12

Fig. 5.13

Fig. 5.14

Fig. 5.15

Fig. 5.16

3) Frapper le Poing comme le Tonnerre en se Retournant
(Huitou Jin Gang Dao Dui)

Videz la hanche droite, pressez au sol du pied gauche et orientez-vous sur la droite, simultanément vous ramenez la main droite devant la poitrine en la descendant sur la droite dans l'idée de contrôler une attaque adverse, la main gauche elle vient sur la droite pour porter une attaque de paume vers l'avant (figure 5.14).

Levez le pied droit et reposez-le en décrivant un arc de cercle de la gauche vers la droite, le talon prend le premier contact au sol, pendant le balayage extérieur du pied droit, croisez d'abord les mains puis séparez-les en *Peng* sur les côtés, la gauche vers le bas la droite en haut. Pendant la rotation sur la droite, le pied gauche fait un pas vers l'avant pour se poser sur la pointe à l'avant du pied droit, les pieds sont distants d'une quarantaine de cm, pendant que votre pied droit se déplace sur l'avant, la main droite intercepte et saisit un bras pour l'amener vers le bas, puis la main gauche vient croiser sur la droite en suivant le pas du pied gauche, l'action s'arrête à l'extérieur de la jambe gauche. Le corps doit être bien ancré sur la jambe droite fléchie, vous êtes face à l'ouest en marquant le *Qinna* (figure 5.15).

Fig. 5.17

Si quand vous avez la main gauche au-dessus de la droite et allez séparer les mains, un adversaire vous saisit au poignet droit, alors faites le pas en avant du pied gauche et orientez-vous sur la droite, l'énergie de tout le corps se rassemble (figure 5.16), puis la main droite passant en pronation se retire sur l'arrière et le haut tandis que la main gauche passe en supination sur l'avant et le bas, les mains agissent de façon coordonnée dans une ouverture avant-arrière pour opérer la libération de la prise (figure 5.17).

Orientez-vous sur la droite d'environ 45° en levant le talon droit, pendant un temps vous êtes au contact du sol par les plantes des

Fig. 5.18

Fig. 5.19

pieds, durant la rotation les talons font chacun une petite frappe au sol sur le côté gauche, les bras se séparent, la main gauche descend, la droite remonte sur la droite pour marquer une sortie de force brève en *Peng*. Il faut veiller à bien synchroniser la rotation à droite et la frappe des talons avec l'ouverture en *Peng*, si ces 3 composants de la technique sont séparés, la dispersion est à craindre, avec la pratique, le mouvement sera exécuté de manière entière (figure 5.18).

Continuez la rotation sur la droite, le pied droit emmené par la dynamique de la main, décrit un arc de cercle sur l'arrière en balayage, vous faites un tour pour revenir face au sud (figure 5.19) ; vous êtes ensuite en appui sur la jambe gauche, formez le poing droit et venez frapper en uppercut au menton dans un arc de cercle, le coup de genou doit arriver en même temps que le coup de poing (figure 5.20). Posez alors le pied droit en percutant le sol et en abaissant le poing, les deux énergies comme une seule (depuis le début de la technique vous avez tourné de 450° (figure 5.21).

Fig. 5.20

Fig. 5.21

Fig. 5.22

Fig. 5.23

Le nom de cette technique fait référence d'une part à la fermeté et la puissance du *Dinggang* et d'autre part à un mortier en pierre dans lequel s'abat un pilon.

4) Draper le Corps avec les Poings *(Pie Shen Chui)*

Si l'on vient vous contrôler aux bras, transférez le poids sur la droite et faites un pas latéral du pied gauche à une trentaine de cm sur le côté, simultanément ouvrez vos bras sur les côtés et frappez avec le dos des poignets et les coudes dans un *Peng* latéral (figure 5.22).

Élevez le poing droit sur la droite et abaissez le poing gauche comme en le plongeant puis remontez-le sur la gauche, videz la hanche gauche, repassez un bref temps le poids sur la droite puis franchement sur la gauche en ramenant le poing droit de la droite sur la gauche et en haut, faites alors un grand pas latéral du pied droit, le pied gauche fait pression au sol, videz la hanche gauche et transférez le poids sur la droite en vous penchant vers le genou droit, le coude droit passe le genou et portez une frappe d'épaule vers le bas (figure 5.23).

Le poids toujours à droite, le poing gauche monte, puis videz la hanche gauche et transférez le poids sur la gauche, abaissez le poing gauche pour le placer contre la hanche gauche, le corps s'oriente sur la gauche en ramenant le poing droit qui décrit un arc de cercle sur la droite et est ramené devant la poitrine sur la gauche. Videz alors la hanche droite, le pied gauche fait pression au sol et vous repassez le poids sur la droite en refermant le coude gauche, le coude droit lui remonte sur l'extérieur et vous portez un coup d'épaule ou de dos vers l'arrière. À la fin du mouvement le poing droit, le coude gauche et la pointe du pied gauche sont alignés, le regard est porté à l'oblique vers le pied gauche (figure 5.24).

Fig. 5.24

Fig. 5.25

Fig. 5.26

Cette technique peut se nommer *Pie Shen Chui* ou *Pishen Chui*, *Pie* fait référence à la torsion du buste, *Pi* au mouvement de protection des poings sur les côtés du corps, dans le « poing canon » l'attaque de coude à droite et la frappe d'épaule sont plus rapides et directes que dans la forme de base.

5) Frapper au Bas-Ventre *(Zhi Dang)*

Videz la hanche gauche et donnez à la droite, le poids est transféré à gauche, pendant le transfert du poids ouvrez la poitrine et déployez les bras sur les côtés vers le bas et le haut ; le poing gauche frappe du dos du poing en marteau au niveau du bas-ventre (figure 5.25) tandis que le poing droit s'ouvre dans le sens des aiguilles d'une montre pour frapper vers le haut et l'arrière (figure 5.26). Enchaînez par un pas du pied droit sur le côté gauche à l'avant du pied gauche en amenant le poing droit croisé à l'extérieur du gauche devant la poitrine (figure 5.27).

Fig. 5.27

Veillez à la torsion juste de la taille et du dos dans la frappe du poing gauche vers le bas, orientez vous suffisamment sur la gauche, l'action principale est l'action à gauche, la frappe arrière est en soutien, l'ouverture de la poitrine et l'explosion doivent être exécutée dans un intervalle de temps très bref.

Cette technique fait référence à une attaque basse au niveau du bas-ventre et des parties sexuelles.

Fig. 5.28

6) La Main qui Coupe (*Zhan Shou*)

Après le pas en avant de la fin du mouvement précédent, enchaînez par un pas croisé à l'arrière du droit avec le pied gauche, simultanément séparez les bras sur les côtés ; le coude gauche frappe sur l'arrière en remontant tandis que le poing droit frappe en coupant avec le bord interne du poignet dans l'idée de se libérer d'une prise du poignet gauche. Il est important que les actions des mains soient bien synchrones pour intervenir comme une seule, dans une explosion vive et brève (figure 5.28).

À l'émission du *Fajing* les bord internes des poignets agissent comme le tranchant d'une lame, c'est pourquoi la technique est nommée la main coupante.

Fig. 5.29

7) Se Retourner en Faisant Claquer les Manches (*Fan Hua Wu Xiu*)

Dans un premier temps commencez à vous relever en portant un coup de coude gauche en remontant sur l'arrière (figure 5.29) l'avant-bras droit peut venir barrer une attaque de pied (figure 5.30) puis suivant la dynamique du

Fig. 5.30

Fig. 5.31

Fig. 5.32

Fig. 5.33

Fig. 5.34

coude gauche vers le haut, sautez et retournez vous en l'air dans un tour de 270° pour retomber face à l'angle nord-est.

Le pied gauche prend d'abord le contact au sol suivi du droit, le poing droit suivant le mouvement de retombé du corps vient frapper en marteau inversé vers le bas (figure 5.31), puis repassez le poids sur la jambe gauche et levez le pied droit pour le reposer à l'arrière en percutant le sol comme pour écraser le dos du pied d'un adversaire, le pied droit est à côté du gauche à une trentaine de cm, le poing droit est ramené à la hanche en préparation, puis le pied gauche fera un pas vers l'avant pour enchaîner avec la frappe de poing (figure 5.32).

Le mouvement du corps qui s'élève en se retournant évoque les méandres d'un fleuve tourmenté *(Jianghe Fan Hua)*, tandis que l'expression *Wu Xiu* fait référence aux longues manches des habits que portaient les anciens, manches longues qui volaient dans les mouvements rapides, d'où le nom de cette technique.

8) Frappe de Coude à Contre Hanche *(Yao Lan Zhou)*

Poids du corps sur la jambe gauche, levez le pied droit et pliez le bras droit en ramenant le poing à la taille, simultanément déployez le bras gauche sur la gauche paume sur l'intérieur (figure 5.33), poursuivez en vous retournant sur la gauche, posez le pied droit et faites un pas du gauche sur le côté gauche. Videz la hanche gauche et donnez à la droite, puis en transférant le poids sur la gauche, votre main passe dans le dos d'un adversaire pour le ramener contre soi dans un mouvement d'enveloppement, le coude droit vient à la rencontre de la dynamique de la main gauche pour porter une frappe à la poitrine ou au ventre. La frappe doit être portée dans une ligne allant du bas vers le haut pour mieux déraciner l'adversaire et le projeter au sol, (figure 5.34).

Ici le terme *Lan* fait référence à l'action de la main droite qui passe ceinturer l'adversaire à la taille *(Yao)*, combinée avec la frappe du coude cela explique le nom de la technique.

Fig. 5.35

Fig. 5.36

9) Le Poing Rouge, Mouvoir les Mains Comme les Nuages
(Da Gong Chuan Xiao Gong Quan)

Après la frappe de coude élevez le bras gauche sur le côté pour intercepter une attaque, le poids du corps est sur la jambe gauche, ouvrez le pied gauche et rapprochez le pied droit sur la pointe à côté du gauche. En ramenant le pied droit, la main droite suivant le déplacement vient frapper en paume remontante *(Liao)* à l'entrejambe d'un adversaire sur la gauche, si vous ne frappez pas laissez la main droite à l'extérieur de la jambe droite mais gardez l'intention de la frappe, pendant ce temps appliquez un *Peng* en remontant sur la gauche avec le bras gauche (figure 5.35) avant le déplacement du pied droit.

Transférez le poids sur la droite, les orteils fermement ancrés au sol, la plante du pied reste vide, relâchez la hanche et fléchissez bien sur la jambe d'appui, levez le pied gauche pour faire un pas latéral, pendant le pas la main gauche redescend devant le ventre, l'énergie rentre de la main au coude, qui presse à l'épaule et va jusqu'à la taille, simultanément la main droite remonte en arc de cercle pour écarter en *Peng* sur la droite, dans la sortie du bras c'est maintenant la taille qui commande à l'épaule qui transmet au coude qui entraîne l'expression de l'énergie au niveau de la main (figure 5.36).

Transférez le poids sur la jambe gauche et suivez par un pas du pied droit croisé derrière le gauche, les mains accompagnent le déplacement par une action en *Lie* sur la gauche ; si vous n'accentuez pas le *Lie* poursuivez en rechangeant à nouveau les positions des bras et transférez le poids à droite pour ressortir le pied gauche vers la gauche et répétez la technique (figures 5.36, 5.37).

Dans ce premier déplacement en main nuages sur la gauche nommé littéralement « poing du bras » il est question de porter l'intention principale de la frappe au niveau du bras *(Da Gong),* l'intention des frappes au niveau de la main ou de l'avant sont moindres, quand au terme «*Quan* » le poing, il est rajouté pour la sonorité globale du nom de la technique.

Fig. 5.37 – 1

Fig. 5.37 – 2

10) Frappe de l'Avant Bras *(Xiao Gong Quan)*

Finissez les déplacements sur la gauche en laissant le poids à gauche, levez le pied droit pour le reposer ouvert sur la droite après avoir dessiné un arc de cercle, le déplacement est accompagné par la montée du bras droit en *Peng* sur la droite (figure 5.38).

Ramenez le pied droit sur l'avant et faites un pas vers l'ouest pour vous retrouver face au nord, videz la hanche gauche et donnez à la droite pour transférer le poids sur la gauche, levez le pied droit et posez-le en croisant derrière le gauche, les bras décrivent les cercles spiralés vers le haut et le bas, soignez bien la coordination des mains et des pieds, le transfert du poids pour éviter tout mouvement en opposition (figure 5.39).

La nuance entre les deux techniques se situe au niveau de l'intention lors de la frappe en ouverture, la première doit mettre l'accent au niveau du bras et la seconde au niveau de l'avant-bras, les sorties de bras s'enchaînent en anneau de la même façon.

Fig. 5.38

Fig. 5.39

Fig. 5.40

Fig. 5.41

11) Lancer de la Navette *(Yu Nu Chuan Sou)*

Après les trois déplacements, le pied droit est croisé derrière le gauche, le pied gauche en faisant un pas du côté gauche, abaissez les bras et orientez-vous sur la droite, les bras sont amenés croisés sur le côté gauche, le droit à l'extérieur, suivant la rotation sur la droite les bras passent en tranchant sur le côté droit, le poids passe sur la gauche, le pied droit est ramené sur la pointe, l'énergie de tout le corps se rassemble (figure 5.40).

Poursuivez par un pas du pied droit vers l'avant, le pied gauche fait un pas suivi et percute le sol en se posant, simultanément les paumes viennent frapper sur l'avant, il faut veiller à faire coïncider le poser du pied droit, la frappe suivie du pied arrière et la double attaque des paumes, les trois énergies s'exprimant comme une seule ; dans la forme la technique est enchaînée trois fois (figure 5.41).

Le nom de cette technique fait référence à la parfaite coordination nécessité dans l'art de tisser et de l'alternance des jetés des mains dans le lancer de la navette, une main rentre tandis que l'autre sort, cela évoque aussi une incessante progression sur l'avant.

12) Se Retourner et Chevaucher le Dragon *(Dao Ji Long)*

Après avoir marqué la dernière poussée, la main droite remonte pour intercepter puis revient armé devant la poitrine, la main gauche vient en appui au-dessus, le pied droit est posé ouvert sur la droite, le corps s'oriente à droite pour faire face à l'ouest, le pied gauche suit la rotation et l'ouverture du pied en faisant un pas devant ce dernier sur la droite, la main droite remonte en frappe tandis que la main gauche crochète vers le bas, faites un pas suivi du pied arrière en avançant trois fois, à la fin vous vous retournerez pour faire face à l'est avec le coup de poing (figure 5.42).

Le nom de ce mouvement est emprunté au bestiaire fantastique, après la marche vers l'est du « lancer de la navette » vous vous retournez rapidement pour progresser vers

Fig. 5.42

Fig. 5.43

l'ouest, pied gauche main droite en avant, pied droit main gauche en retrait, cela évoque une marche croisée vers l'avant, telle la vélocité d'un dragon dans l'eau.

13) Camoufler les Canons et Attaquer Comme des Fouets *(Li Bian Pao)*

Après la frappe de poing transférez le poids sur la droite et fermant la pointe du pied gauche puis repassez le poids sur la jambe gauche dans sa nouvelle orientation, bien installé sur la gauche levez le pied droit, retournez vous vers sur la droite, le pied exécutant un balayage en ouvrant sur l'arrière, vous arrivez face au nord (figure 5.43).

Fig. 5.44

Posez le pied droit en heurtant le sol, en même temps fléchissez bien sur la jambe d'appui, l'énergie de tout le corps se rassemble et faites un pas latéral du pied gauche à environ 1m, les bras sont amenés croisés devant la poitrine en préparation (figure 5.44).

Enchaînez en vidant la hanche gauche pour donner à la droite et transférez le poids sur la gauche pendant que les bras

Fig. 5.45

Fig. 5.46

s'ouvrent sur les côtés pour frapper en poing à la poitrine, l'attaque du bras gauche est l'action principale car elle suit le transfert du poids sur la gauche (figure 5.45).

Poursuivez en levant le pied droit pour l'amener devant le gauche dans l'intention de porter une frappe basse à l'oblique pendant le déplacement, reposez le pied en passant le poids dessus et refaites un pas latéral gauche pour répéter la double frappe des poings sur les côtés. Ainsi vous enchaînez vers l'ouest deux pas croisés et trois frappes latérales.

Ensuite partant d'une position avec le poids sur la gauche, vous levez le pied droit et pivotez dans l'air sur la droite pour refaire face au sud pendant que vous ramenez les bras croisés devant la poitrine, posez le pied droit en heurtant le sol et refaites les déplacements et les frappes cette fois face au sud (figure 5.46).

Dans l'explication du nom de la technique le mot *Li* qui veut dire « intérieur » évoque ici le mouvement de rassemblement des bras sur l'avant, le temps de recueillement nécessaire avant l'explosion de l'intérieur vers l'extérieur, le terme canon fréquemment employé pour qualifier les *Fajing* dans le second enchaînement fait référence à la violence et à la rapidité de la sortie de force aussi puissante qu'un coup de canon, le terme *Bian* signifie « fouet » et donc indique la qualité élastique et claquante de l'action des bras dans l'ouverture latérale ; l'énergie est rassemblée comme si l'on bourrait la gueule du canon, le *Qi* adhère au dos, au moment du *Fajing,* l'ouverture vibrante de la poitrine et des frappes sonnent comme un coup de canon, seule une préparation soignée permet un impact explosif et efficace.

Fig. 5.47

Fig. 5.48

14) Posture de la Tête du Fauve *(Shou Tou Shi)*

Après la dernière explosion transférez le poids sur la gauche, faites un pas du pied droit vers l'avant en le posant sur la pointe, en même temps portez une frappe de poing sur l'avant (figure 5.47).

Fig. 5.49

Faites un pas du pied droit sur l'arrière et la droite dans l'intention de pénétrer dans les racines d'un adversaire et orientez-vous sur la droite. De votre main gauche vous saisissez la main d'un opposant et l'amenez sur l'avant et la gauche tandis que votre bras droit fléchi suivant la rotation sur la droite porte une attaque de coude sur l'arrière, les deux énergies vont dans deux directions opposées (figure 5.48).

Après la frappe du coude le bras droit se déplie et le poing droit remonte tandis que le pied gauche passe en ouverture et fait un crochetage arrière (figure 5.49).

Opérez un rassemblement en posant le pied gauche sur la pointe, le poing gauche s'abaisse tandis que le poing droit remonte dans un arrondi pour revenir frapper au visage d'un adversaire, le poignet légèrement en crochet paume vers le bas.

Le sens de ce mouvement réside dans la position finale de la technique, le corps est bien ramassé sur la jambe droite, le pied gauche posé sur la pointe, le poing gauche en protection devant le genou, le poing droit en protection devant le visage, tout ceci évoque un fauve sur sa garde prêt à bondir avec férocité.

Fig. 5.50

Fig. 5.51

15) Fendre *(Pi Jia Zi)*

Si l'on vient vous menacer du côté gauche d'une frappe de poing au visage, vous l'interceptez de la main droite et le dirigez vers le bas et la droite, puis en fléchissant votre poignet vous changez l'orientation de la prise pour le soulever vers le haut par un *Qinna*, vous accompagnez le mouvement en passant le bras gauche sous le bras adverse et portez une attaque en remontant sous son coude (figure 5.50).

Si l'adversaire échappe à la prise vous faites un grand pas du pied gauche pour investir l'arrière de ses racines tandis que votre bras gauche attaque en barrant au niveau de la poitrine, d'abord en supination pour finir par un appui en pronation (figure 5.51).

Le mot « *Pi* » à ici le sens de croiser les bras puis de fendre, le mot « *Jia* » lui indique l'énergie *Peng* qui doit animer le mouvement, les deux bras combinant leur action pour soulever l'adversaire, « *Zi* » a le sens de début, de d'abord rassembler le *Peng jing* et d'exploser.

16) Soumettre le Tigre *(Fu Hu)*

Après le coup de poing droit, le poids est sur la gauche, faites un pas en avant du pied droit sur l'avant et la droite en le posant sur la pointe, pendant l'avancée du pied les bras décrivent des arcs de cercle amenant le poing gauche en plongée à l'extérieur de la jambe gauche et le poing droit sur la droite puis sur la gauche dans une technique propre à suivre une attaque adverse pour finir par une attaque du revers de poing vers la gauche, le poignet étant légèrement cassé avec la face interne tournée vers l'extérieur (figure 5.52).

Faite un pas de recul du pied droit, le bras droit s'abaisse puis remonte sur l'arrière pendant que vous vous abaissez sur la jambe droite, cela peut permettre de se libérer d'une saisie, pendant que le bras droit remonte, le gauche suit et le poing gauche après avoir

Fig. 5.52

Fig. 5.53

remonté légèrement descend sur l'intérieur de la jambe gauche, la position adoptée par le corps alors évoque la technique de contrôler le tigre (figure 5.53).

Le recul de la jambe droite, la position basse adoptée, et l'ouverture des bras gauche en bas et droit en haut, le ramassement global du corps évoque la fameuse technique de « Soumettre le tigre » (le contrôler avec le poing gauche et se préparer à le frapper à la tête avec le poing droit. NDT)

17) Attaque Circulaire au Niveau du Sourcil *(Mo Mei Gong)*

Videz la hanche gauche et transférez le poids sur la gauche, faites pression au sol avec le pied droit puis levez-le et en vous retournant vers l'est faites un balayage en fermant avec le pied droit vers la gauche (figure 5.54).

Fig. 5.54

Suivez en remontant sur la jambe gauche, marquez un bref temps de transition en ramenant le pied droit en protection à l'entrejambe puis posez-le à côté du gauche en heurtant le sol (figure 5.55), rapidement faites un pas vers l'avant du pied gauche. Le pied droit fait pression au sol, videz la hanche gauche et transférez le poids sur l'avant, suivant la rotation du corps sur la gauche la main droite

Fig. 5.55

Fig. 5.56

est amenée au côté droit puis frappe avec la paume sur l'avant au niveau du cœur ou du visage (figure 5.56).

Le terme « *Mo* » dans cette technique prend le sens de frotter et raser, cela fait référence à l'armé de la main droite près du flanc droit très près du corps, « *Mei* », les sourcils, indique que l'esprit doit se rassembler entre les sourcils dans le saut vers l'avant, selon la distance de l'adversaire vous frappez de près avec l'intérieur de l'avant-bras (*Xiao Gong*) ou avec la paume s'il est plus distant.

18) Le Dragon Jaune Agite l'Eau Trois Fois des Deux Côtés *(Zuo You Huang Long Jiao Shui)*

Après la frappe de paume, ouvrez la pointe du pied gauche et en gardant le poids sur la gauche avancez le pied droit pour l'amener sur la pointe, vous avez alors la poitrine au nord et le dos au sud, votre visage lui fait face à l'angle nord-est. En avançant le pied droit vous abaissez la main droite en supination, transférez ensuite le poids sur la droite et faites un pas sur l'arrière avec le pied gauche tandis que la main droite ressort et remonte de l'intérieur vers l'extérieur pour frapper ou écarter, alors vous êtes face au nord-est (figure 5.57).

Fig. 5.57

Poursuivez le mouvement en passant le poids sur la gauche, levez le pied droit et faites un pas de recul en croisant derrière le gauche, la main droite redescend en supination, face au nord-est, vous repassez le poids sur la droite, reculez la jambe gauche et refaites la sortie de

Fig. 5.58

Fig. 5.59 – 1

Fig. 5.59 – 2

la main droite (figure 5.57), la main qui coupe vers le bas est orientée vers l'est (figure 5.58).

Après avoir répété ce déplacement 3 fois, levez le pied droit et ramenez-le sur la pointe devant le pied gauche, à ce moment la main droite est abaissée à l'extérieur de la jambe droite, orientez-vous alors sur la droite face au sud, vous levez le pied droit, et dessinez un arc de cercle en ouverture sur la droite, le pied droit est pour un temps en protection à l'entrejambe, la main gauche frappe en remontant et le tranchant de la main droite descend en coupe à droite du genou droit. Le pied droit se pose en heurtant le sol et vous refaites un pas du pied gauche sur le côté, la main gauche descend en arc de cercle tandis que la droite vient se placer à la hanche, votre poitrine est orientée au sud, le dos au nord, le visage fait face à l'angle sud-est. Passez le poids sur la gauche et faites un pas droit croisé à l'arrière du pied gauche, la main gauche suit le transfert du poids sur la gauche et ressort pour écarter ou frapper sur la gauche (figure 5.59), répétez le déplacement sur la gauche 3 fois.

Le nom de ce mouvement évoque les cercles spiralés des mains dans les 3 déplacements de retrait et d'avancée, semblable à la queue du dragon qui se déplace dans l'eau.

Fig. 5.60

19) Enfoncer avec le Talon à Gauche *(Zuo Zhong)*

Ramenez le pied droit sur la pointe à côté du gauche puis refaites un pas vers la droite, le pied gauche suit la dynamique vers la droite et est rapproché sur la pointe à côté du droit, vous le levez ensuite pour un temps de préparation en protection à l'entrejambe. Quand le pied droit fait son pas latéral, les bras s'ouvrent sur les côtés, paumes à l'oblique vers l'extérieur et le bas, puis sont ramenés devant la poitrine, les poings sont en vis-à-vis paumes vers soi (figure 5.60), puis simultanément vous portez une frappe de talon sur la gauche et déployez les bras en deux attaques de poing (la hauteur de la frappe

Fig. 5.61

dépend de la position de l'adversaire, elle peut aller du tibia aux épaules, il est aussi possible de frapper avec les paumes (figure 5.61).

Le nom du mouvement vient d'une intention de foncer en frappant sur le côté gauche, la frappe du talon gauche doit être soutenue par tout le corps.

20) Enfoncer avec le Talon à droite *(You Zhong)*

Après le coup de pied gauche, posez le pied ouvert et orientez-vous face au nord et enchaînez par un coup du talon droit vers l'avant, les bras suivent par deux attaques de poing sur les côtés. Veillez cependant après avoir posé le pied gauche à rapprocher le pied droit avec légèreté et à ménager un temps de rassemblement de l'énergie avant de porter le second coup de talon, le *Fajing* doit être précis tant au niveau du pied que des poings.

21) Balayage au sol *(SaoTang Chui)*

À partir d'un coup de poing droit orientez-vous sur la droite, fléchissez sur la jambe droite et abaissez-vous, inclinez-vous au sol et posez les deux mains en contact avec le sol, la jambe gauche suit la rotation et exécute un balayage bas en fermeture de 180° sur la droite, vous faites alors face à l'ouest (figure 5.62).

Fig. 5.62

Fig. 5.63

Fig. 5.64

Fig. 5.65

Transférez ensuite le poids sur la jambe gauche et retournez-vous sur la droite, changez le placement des mains au sol et exécutez un nouveau balayage cette fois en écartant avec la jambe droite de 180° sur l'arrière et la droite, vous avez donc fait un cercle complet et faites face à l'ouest (figure 5.63).

Fig. 5.66

Remontez sur la jambe gauche et redressez-vous, ramenez pour un temps le pied droit en protection et posez le en heurtant le sol (figure 5.64) pendant que vous remontez, les bras sont amenés croisés devant la poitrine, puis juste après la frappe de pied au sol, les bras s'ouvrent et vous faites un pas, les bras se réarment pour enchaîner avec le coup de poing, poing droit à la taille et main gauche en tranchant à l'avant gauche (figure 5.65).

22) Double Canons Enchaînés *(Quan Pao Chui)*

Après un coup de poing droit, sautez en l'air en prenant appui avec les deux pieds, pendant le saut le bras gauche se positionne sur l'avant, le droit en retrait prépare une frappe vers l'avant, en transférant le poids sur l'avant, les bras se portent sur l'avant en *Fajing* d'épaule si l'adversaire est proche ou en poing si la distance est plus importante (figure 5.66).

Faites un nouveau saut sur place mais cette fois inversez la position des jambes en retombant, la jambe droite passe sur l'avant, armez la frappe et portez la frappe d'épaule ou de poing sur l'avant et la droite (figure 5.67).

Fig. 5.67

Après le coup de poing le pied gauche est à l'angle sud-ouest, le droit à l'angle nord-est, après le saut les pieds retombent dans la même direction (le droit frappe le sol en premier, le gauche en second mais les deux sons restent très rapprochés) la frappe du bras gauche est la plus importante, le *Fajing* doit être sonore au niveau du souffle et du *Qi*, ainsi l'on doit entendre 3 sons. Poursuivez par un nouveau saut qui vous positionne de l'autre côté en opérant un changement de pied en l'air, le pied droit est sur l'avant dans l'angle nord-ouest, le gauche en arrière dans l'angle sud-est, cette fois c'est le pied gauche qui frappe le premier au sol en retombant, les bras décrivent des cercles pour armer la frappe dans la nouvelle direction, la technique est sonore comme des coups de canon.

23) Pénétrez avec Une Fourche *(Daocha Daocha)*

Après le coup de poing, retournez-vous sur la droite pour faire face au nord, le poids est sur la jambe gauche, le pied droit est ramené sur la pointe. Pendant le changement de direction la main gauche est déployée sur l'avant tandis que le poing droit se retire en préparation, puis le pied droit fait un pas en avant pendant que le poing droit est lancé en frappe à l'oblique vers le bas et l'avant, le coude gauche équilibre la sortie de force par une frappe sur l'arrière, l'intention peut être aussi dans l'épaule (figure 5.68).

Le pied gauche fait un pas pour dépasser le droit, le poing droit porte une attaque en remontant pendant le ramené du pied arrière (figure 5.69), dès que le pied gauche prend appui au sol, le pied droit fait un pas sauté vers l'avant, pendant le saut les bras s'ouvrent et se referment en préparation, dès que le pied droit se pose, le poing droit porte l'attaque basse et le coude gauche frappe sur l'arrière comme précédemment, cette seconde frappe est d'une amplitude moindre que la première car la préparation est moins importante (figure 5.70).

Le sens de cette technique est d'enchaîner des frappes de poing à l'oblique vers le bas, l'idée de séparation est aussi présente car pendant les sauts les bras se croisent comme des balanciers et s'éloignent, une énergie part de l'intérieur vers le bas tandis qu'une autre part de l'intérieur vers l'arrière.

Fig. 5.68

Fig. 5.69

Fig. 5.70

Fig. 5.71

Fig. 5.72

24) Double Attaque de Poing *(Zuo Er Gong, You Er Gong)*

Suivez par un pas du pied gauche vers l'avant en frappant rapidement du poing gauche au visage d'une adversaire (figure 5.71).

Ramenez le poing gauche à la hanche et sortez le poing droit pour une seconde frappe au visage (figure 5.72).

Ces deux coups de poing sont à enchaîner directement après les frappes basses de la technique précédente.

Dans la pratique de la boxe, les oreilles *(Er)* et les yeux *(Mu)* sont en coopération étroite, la vue est soutenue par l'ouïe et vice versa, les actions exprimées au niveau des poings *(Quan)* et celles plus marquées au niveau des bras *(Gong)* sont complémentaires. Ainsi quand vous enchaînez deux directs au visage, le regard appuie l'action sur l'avant et les oreilles écoutent sur l'arrière. Les dépendances entre le regard, l'écoute et les actions des bras sont très importantes et subtiles d'où le terme « *Er Gong* ».

Fig. 5.73

25) Se Retourner et Frapper (Tirer au canon) *(Huitou Dang Men Pao)*

Après avoir enchaîné les deux coups de poing, le pied gauche toujours sur l'avant, redonnez un coup de poing gauche puis ramenez le poing à la hanche et portez une attaque du poing droit, puis ramenez le bras gauche en position verticale sur l'avant en passant par un arrondi de l'extérieur vers l'avant et en abaissant le coude, le poing droit est ramené caché sous le coude gauche, dans l'idée d'une frappe latérale (figure 5.73).

Fig. 5.74

Orientez-vous alors sur la droite, le pied gauche suit la dynamique, bondit sur le côté droit, le corps tourne en l'air de 360°, pendant la rotation les bras sont abaissés et amenés en flexion pour une bonne préparation, le pied gauche puis le pied droit prennent fermement appui au sol pour stabiliser le centre de gravité, vous enchaînez alors rapidement par une frappe explosive sur l'avant avec les poings ou les bras en *Dang Men Pao*, le bras gauche exprime l'action principale, le droit est en appui (figure 5.74).

Le sens du nom s'explique par le changement de direction lors du saut, vous faites face au nord-est, vous portez ensuite une double attaque avec les poings ou les bras avec l'énergie d'un canon dont le tir ouvrirait les battants d'une lourde porte.

Fig. 5.75

26) Grande Saisie en Changeant de Forme et canon *(Bianshi Dazhuo Pao)*

Ramenez le pied gauche sur la pointe, les bras reviennent près du corps, paumes vers le haut puis le pied gauche ressort en bondissant sur l'avant, le corps s'oriente sur la gauche, le pied droit suit le mouvement, fait pression au sol et fonce vers l'avant, à ce moment le poing droit frappe directement sur l'avant et le bras gauche se retire en flexion à la hanche en marquant une frappe de coude vers l'arrière (figures 5.75, 5.76).

Dans l'air faites un tour complet sur la gauche, le pied gauche reprend le premier contact au sol suivi du pied droit, les bras marquent un *Lu* sur la gauche, puis reviennent en frappe sur l'avant, face au sud-ouest (figure 5.77).

Fig. 5.76

Dans le nom de la technique, le terme « *Shi* » fait référence aux changements gauche-droite, le mouvement est d'amplitude

Fig. 5.77

Fig. 5.78

Fig. 5.79

importante *(Da)* dans l'ouverture et la fermeture, le terme « *Zhuo* » prend le sens de *Lu,* tirer ou attraper.

27) Frappe de Coude à Contre Hanche *(Yao Lan Zhou)*

Après la technique précédente la main gauche se déploie sur la gauche, le pied droit est ramené en protection à l'entrejambe pendant que vous pliez le bras droit, la paume dirigée vers le côté de la poitrine, la main gauche peut passer derrière le dos d'un adversaire pour le ceinturer à la taille, ensuite vous reposez le pied droit en heurtant le sol pour écraser un pied (figure 5.78).

Vous portez ensuite une frappe horizontale en fermeture du coude droit en avançant le bras à 70 % de son extension de la sorte qu'il est aisé de déraciner l'adversaire et de le faire chuter sur l'arrière (figure 5.79) (ici le pied gauche est avancé).

Fig. 5.80

28) Double Frappe de Coude sur les Côtés *(Shun Lan Zhou)*

Orientez-vous sur la gauche, le bras droit en pronation, avec le coude pour diriger le mouvement, fait un cercle vers l'extérieur, en même temps la paume gauche prend contact au coude droit et vient en glissant se placer en légère saisie du poignet droit, le pied droit est ramené sur la pointe pendant le cercle de préparation du coude, le corps se ramasse sur la jambe d'appui, le regard est à l'oblique sur la droite, (figure 5.80).

Faites un pas sur la droite du pied droit, à la prise de contact au sol du pied droit et vous tournant sur la droite, portez une frappe de coude sur le côté, la main gauche soutient l'action du coude par sa pression sur le bras droit, le pied gauche fait un

Fig. 5.81

Fig. 5.82

pas vers la droite en frappant le sol pour renforcer l'action explosive (figure 5.81), ici le pied gauche n'est pas encore ramené).

Si un adversaire vient de la droite pour exercer une pression sur votre bras droit, dans un premier temps absorbez la force adverse en décrivant le cercle sur la gauche et ramenez le pied droit, puis ressortez sur la droite et frappez en vous tournant sur la droite avec l'extérieur du bras droit ou le coude pour contre-attaquer.

29) Canon au Bas de la Poitrine *(Wu Di Pao)*

Suivez par un pas du pied gauche devant le droit, avant que le pied gauche ne se repose au sol faites un saut sur le pied droit, pendant que le pied gauche fait son pas croisé, les bras se séparent en deux attaques remontantes, la droite sur l'avant, la gauche sur l'arrière (figure 5.82).

Fig. 5.83

Quand le pied droit prend contact au sol, les bras se referment en préparation, la main gauche est sur l'avant en tranchant vertical tandis que le poing droit est en retrait à la hanche droite, puis en transférant le poids sur l'avant, portez une frappe basse à l'oblique avec le poing droit tandis que le coude gauche frappe sur l'arrière, le poing gauche est semi-fermé (figure 5.83).

Le poing droit porte une attaque basse dans l'idée de détruire le *Dantien*.

Fig. 5.84

Fig. 5.85

Fig. 5.86

30) Se Retourner et Donner une Double Attaque des Avant– Bras
(Huitou Jing Lan Zhenru)

Tournez sur la droite, le pied droit s'ouvre sur la droite, levez le pied et faites en suivant la rotation du corps un balayage vers l'intérieur pour le poser face au nord, à ce moment l'avant-bras droit a été amené en position verticale sur l'avant et le poing droit est caché au côté droit avec l'idée d'une préparation d'une frappe à l'horizontale, vers la gauche (figure 5.84).

Levez ensuite le pied droit et suivant la rotation du corps sur la droite, déplacez-le dans l'idée d'un balayage vers l'arrière et l'extérieur pour l'amener posé à l'angle nord-ouest. Vider la droite de l'entrejambe, le pied gauche fait pression au sol et le poids passe sur la droite pendant que les mains passent en paume et appliquent un *Lu* vers le bas (figure 5.85).

Transformez l'action en *Lu* des deux mains en refermant les poings et en les amenant en léger contact à la poitrine au niveau du milieu de chaque pectoral, videz la hanche gauche, donnez à la droite pour ensuite transférer le poids sur la gauche, lâchez bien la poitrine, resserrez légèrement les côtés et portez une double attaque en les amenant en fermeture et en pression sur l'avant. Au moment du *Fajing,* les dos des deux poings sont en vis-à-vis, les poings retournés pour amener les paumes sur les côtés, veillez bien au maintien de l'étirement du haut et du bas du corps à partir de la zone du nombril, ainsi la sortie de force ne risque pas de vous déséquilibrer, (figure 5.86).

Il s'agit ici d'une action en réponse à une tentative de saisie d'un adversaire sur l'avant, vous utilisez les coudes pour barrer « *Lan* » et attaquer directement sous sa garde.

31) Retour au Taiji *(Shoushi, Taiji Huanyuan)*

Passez le poids sur la gauche et levez le pied droit pour le poser à côté du gauche de la largeur des épaules pendant que les mains se séparent sur les côtés puis remontent vers les oreilles pour finalement redescendre en *An* jusqu'à l'extérieur des cuisses, le regard se porte sur l'avant ; retrouvez l'état de quiétude initial et de fusion avec le naturel, (figure 5.87).

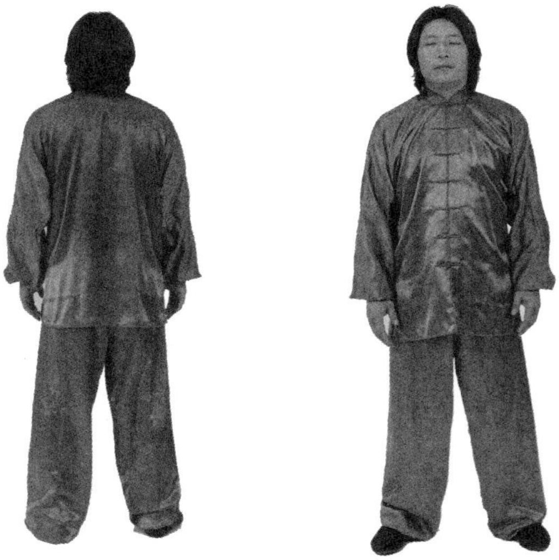

Fig. 5.87

Lexique des termes et mots chinois

Bu Fa : les techniques de déplacement dans le *Tuishou*
Bu Xing : les formes de pas dans les *Tuishou*
Cun **:** unité de mesure chinoise (environ 3,33cm)
Da : technique de frappe
Dalu : le grand tiré
Dangbu Shilian : le placement des hanches
Danren Dalu Tuishou : le grand tiré en solo
Danren Hebu Tuishou : les quatre portes à pas fixe
Danren Luan Cai Hua Tuishou : *Tuishou* en déplacement libre en solo
Danshou Liyuan Wan Hua : le cercle vertical à une main
Danshou Pingyuan Wan Hua : le cercle horizontal à une main
Danren Shuang Shou Ligyuan Wan Hua : le cercle vertical à deux mains
Danren Shuang Shou Pingyuan Wan Hua : le cercle horizontal à deux mains
Danren Tuishou : l'entraînement aux *Tuishou* en solo
Danren Xunbu Tuishou : *Tuishou* en déplacement en solo
Dan Shi Shi Lian Fa : entraînement à la répétition des techniques en solo
Dong Jing : l'énergie de l'interprétation
Fa Jing : l'émission explosive de l'énergie, les sorties de force
Fan Gu : technique de luxation et de pincement des tendons
Fangsong : état de relâchement de détente
Hebu Sizheng Shou : Tuishou de base, quatre portes
Hua : technique d'esquive
Hunyuan : posture de l'arbre
Jiao Fa : technique de pied
Jietuo Fa : technique de dessaisie
Jin : unité de mesure chinoise ; mille *Jin* (500 kg)
Kai He Zhuang : posture d'ouverture– fermeture
Kai He Jing : l'énergie de l'ouverture et de la fermeture
Kao Fa: technique d'épaule

Lian : relier, joindre, enchaîner
Lian Sui Jing : l'énergie de relier et suivre
Liang : unité de mesure chinoise ; quatre *Liang* (200 g)
Luancai Hua : déplacement libre
Na Jing : l'énergie de la saisie
Nian : coller, suivre, adherer
Qinna Fa: technique de saisie
Quan Fa: technique de poing
San Shou : dispersion des mains ou combat libre
Shansi Jing : l'énergie enroulée
Shansi Zhuang Gong : posture avec travail de l'énergie enroulée
San Ti Shi Zhuang Gong : posture en position des 3 corps
Shuai : technique de projection
Shou Fa : les méthodes de main dans les *Tuishou*
Shouxin : les formes de la main dans les *Tuishou*
Shuangren Liyuan Wan Hua : le cercle vertical à une main
Shuangren Pingyuan Wan Hua : le cercle horizontal à une main
Shuangren Tuishou : pratique des *Tuishou* avec partenaire
Siyu Shou : les 4 portes secondaires *(Cai – Lier – Zhou – Kao)*
Sizheng Shou : les 4 portes de base *(Peng – Lu – Ji – An)*
Sui : suivre, accompagner
Taiji Yangsheng Zeng Qi Gong : *Qigong* du *Taiji* pour nourrir le principe vital et accroître le *Qi*
Ti Jing : l'énergie de soulever
Ting Jing : l'énergie qui écoute
Tui shou : « mains collantes » technique à deux
Tui Fa: technique de jambe
Tunbu Shilian : le placement du bassin (fesses)
Tun Dang Shilian: entraînement de l'entrecuisse et des fesses (placement du bassin et des hanches)
Wu Zhuang Huanyuan : posture des 5 techniques retournant à l'unité
Wuji Zhuan : posture du *Wuji*
Xunbu Sizheng Shou : Tuishou en déplacement, le *Dalu*
Yin Hua Jing : l'énergie de conduire et transformer
Zhan : humecter, coller
Zhang Fa: technique de paume
Zhan Nian l'énergie de coller et adhérer
Zhou Fa: technique de coude
Zhuang Gong : posture de l'arbre

Biographie de l'auteur

1944 – 17 juillet, naissance à *Xi An.*

1945 – son père *Wang Song Lin* revient à *Chenjiagou* comté de *Wenxian.*

1953 – études à *Chenjiagou.*

1958 – étude du sport, débute la pratique du *Taiji quan.*

1960 – 1961 fait des études à *Qinghai.*

1962– retourne à *Chenjiagou* et débute son apprentissage du Style *Chen* par le petit style *Xiaojia* et le *Tuishou* avec maître *Chen Qiliang*, disciple de *Chen Kezhong* de la 17ème génération.

1963 – débute l'apprentissage de l'ancienne forme du grand style avec *Chen Zhaopi.*

1969 – devient un Gradé dans *Chenjiagou*, grand enthousiasme pour la pratique du *Taiji.*

1970 – développe toute son action au sein du parti pour sauvegarder, normaliser et développer la pratique de *Taiji*, restaure la pratique sportive.

1972 – participe avec son maître *Chen Zhaopi* à un tournoi à *Kaifeng* et fait des tournées de démonstration à *Zhengzhou* et dans la province du *Henan.*

Décembre 1972 son maître *Chen Zhaopi* décède, il invite par l'intermédiaire d'un ami de *Chen Fake*, *Chen Maoshan*, le maître *Chen Zhaokui* de Pékin à venir enseigner le *Xinjia* à *Chenjiagou.*

1973– participe au 2ème championnat de *Wushu* de *Kaifeng.*

1974 – obtient le titre de meilleur pratiquant de *Taiji* décerné à *Xinxiang* et intègre l'association de *Wushu* du *Henan.*

1975 – est de nouveau nommé le premier pratiquant à *Xinxiang.*

1976 – devient entraîneur à *Wenxian* et participe à plusieurs tournois.

1981– médaille d'argent au tournoi de *Pingding Shan.*

1982 – médaille d'argent au tournoi de *Tuishou* de la province, médaille d'or aux championnats de *Pingding shan*, vainqueur du championnat national de *Tuishou.*

1983 – est invité au Japon, sera invité par la famille impériale.

1984 – s'établit à *Wenxian* et devient secrétaire de l'association, il devient juge et entraîneur pour les *Tuishou.*

1985 – juge de *Tuishou* aux championnats de *Tuishou* de *Wenxian* et entraîneur pour les tournois du *Henan.* Il participe également à l'arbitrage des championnats nationaux. Il sera également honoré comme meilleur pratiquant à *Zhengzhou* et à *Kaifeng.*

1986 – juge et entraîneur à *Wenxian* et pour le *Henan* et participe à l'organisation du tournoi national de *Tuishou* du *Shandong.* Il est invité de nouveau au Japon dans le cadre d'échanges culturels et fait de nombreuses démonstrations.

1987 – poursuit ses activités de juge lors des championnats de *Wenxian* et provinciaux ainsi que dans le *Hubei*, il fonde le centre national de promotion du style *Chen* et y est entraîneur.

1988 – juge au championnat de *Shaolin.*

1989 – est invité en France, il fera l'objet de plusieurs passages à la télévision française et sera reçu à la mairie de Paris.

Août 1990 participe à une rencontre amicale Chine/Japon.

Hiver 1991 est invité en Suède et en France, il est nommé entraîneur d'honneur de l'université du *Henan.* Poursuit ses activités de juge au tournoi de forme et d'épée de *Kaifeng.*

21 avril 1992 – est invité par la fédération nationale de *Wushu* pour les championnats nationaux de *Tuishou* à *Jinan.* En mai il est administrateur et entraîneur pour les championnats du *Henan* à *Pinding Shan.*

Septembre 1992 – est nommé premier entraîneur à *Wen Xian.*

1993 – nommé entraîneur supérieur.

1994 – nommé entraîneur chef de *Taiji qu*an à l'université de la province du *Henan,* et conseillé supérieur en différents endroits de Chine.

1994 – stage en France et en Malaisie.

1995 – stage dans plusieurs villes du Japon.

1996 – stage en France, Pays bas, Espagne, Corée du Sud.

1997 – en reconnaissance de son dévouement, il a été élevé au rang des personnalités par l'État chinois comme « Grand Maître de *Taiji quan* de style *Chen* » et entraîneur national d'études supérieures de *Wushu.*

1998 – son nom est inscrit à Houston comme conseiller pour plusieurs films de *Taiji quan.*

1999 à 2005 – *Wang Xian* vient régulièrement en France une à deux fois par an, il crée l'IRAP international « Institut de recherche des arts du poing de Wang Xian » dont la France est le siége social pour l'Europe.

Table des matières

1ère partie : LES TECHNIQUES DE TUISHOU

2e partie : LE SECRET DES APPLICATIONS

Imprimé en Grèce par
4AB-N Athanassopoulos